多煤层开采地表移动规律与高压供电铁塔的保护技术研究

王孝义　著

U0338537

中国矿业大学出版社

·徐州·

图书在版编目（CIP）数据

多煤层开采地表移动规律与高压供电铁塔的保护技术
研究 / 王孝义著. — 徐州：中国矿业大学出版社，
2018.10

ISBN 978 - 7 - 5646 - 4190 - 0

Ⅰ. ①多… Ⅱ. ①王… Ⅲ. ①多煤层－煤矿开采－地
表位移－关系－输电铁塔－保护－研究 Ⅳ. ①TD325
②TM75

中国版本图书馆 CIP 数据核字(2018)第232852号

书　　名	多煤层开采地表移动规律与高压供电铁塔的保护技术研究
著　　者	王孝义
责任编辑	满建康
出版发行	中国矿业大学出版社有限责任公司
	（江苏省徐州市解放南路　邮编221008）
营销热线	（0516）83885307　83884995
出版服务	（0516）83885767　83884920
网　　址	http://www.cumtp.com　E-mail:cumtpvip@cumtp.com
印　　刷	徐州中矿大印发科技有限公司
开　　本	787×960　1/16　**印张** 9.75　**字数** 186 千字
版次印次	2018 年 10 月第 1 版　2018 年 10 月第 1 次印刷
定　　价	35.00 元

（图书出现印装质量问题,本社负责调换）

前　言

矿山开采沉陷会导致矿区内的电力构筑设施(如电塔、高压线路等)的损坏,影响社会的供电通信等生活网络的运转,威胁社会安全并造成巨大的经济损失;因此,评价矿区内输电线路铁塔的稳定性和安全性、研究煤层采动影响下输电线路铁塔的变形规律、确定煤层合理的开采方式,显得尤为重要。本书采用理论分析、现场实测、实验室试验和数值模拟相结合的方法,以大同焦煤矿采区范围内的铁塔为研究对象,对 4# 煤层开采地表移动实测规律、地表高压供电铁塔的损坏特征与开采沉陷的关系、多煤层开采地表移动规律等进行了深入系统的研究,取得了一些创新性成果。

为了揭示焦煤矿 4# 煤层 8503 工作面开采地表移动规律,预测 4# 煤层开采造成的地表移动变形对高压供电铁塔的影响,根据山区地表移动与变形预计理论,结合焦煤矿 4# 煤层开采技术条件,选取地表沉陷的 5 个参数作为衡量标准,即地表变形的最大下沉值、水平最大位移值、地表最大倾斜值、地表最大曲率变形值和地表最大水平变形值,分别通过概率积分法和现场实测沿走向和倾向观测线对上述 5 个参数进行对比研究,并同时计算开采影响边界角,参照输电线路安全性评价的相关规程,判断 4# 煤开采沉陷对高压铁塔影响程度及对铁塔的安全性进行了评价。

结合输电线路的结构特点,分析了煤层开采的地表下沉、水平移动及倾斜等因素对供电线路的运行影响及重要性评价,阐明了在供电线路与开采方向分别在平行、垂直、斜交时,考虑仅发生倾斜、水平移动和垂直下沉的条件下,线路安全运行的具体参数数值,给出了存在综合(水平、垂直)位移时,影响安全运行的数学公式,探讨了开采地表沉陷与供电线路安全运行及布置匹配的内在关系,得出了按照焦煤矿目前的工作面布置及线路匹配关系,4# 和 5# 煤采用综放开采可保证地面供电线路的安全运行状态的结论。

针对焦煤矿具体的地质条件和开采方式的选择,对开采 4#、8# 和 9# 煤层开采后的地表移动变形规律进行了理论预测,采用 FLAC³D 数值模拟软件对 4#、8# 和 9# 煤层开采后的地表移动变形规律进行了数值模拟预测,对比两种预测方式,提出了焦煤矿下部两层煤开采的开拓布局、采(盘)区布置原则,确定了开采布局的关键技术参数,基于优化布置的地面铁塔保护效果预测。

根据焦煤矿地表高压线路的位置和开采地质条件,提出了高压线路斜穿过工作面布置、工作面平行于高压线路布置、工作面垂直于高压线路布置三种开采布局方案。通过三种方案对比,进行了高压供电铁塔安全性评价,得出工作面垂直于高压线路布置,高压铁塔位于与工作面中心线相对应三条大巷中间大巷的上方,停采线 50 m 时,为最佳方案,并提出了保护高压供电铁塔的维修和预防措施。

为了有效控制大同焦煤矿采煤活动对地表的高压输电铁塔和输电线路的影响,结合焦煤矿具体的地质条件,提出了大同焦煤矿多煤层开采控制地表沉陷的开采方式,即先用全采全充法开采 $4^\#$ 煤层,再用条带充填法开采 $5^\#$ 煤层。在探讨经济成本、获取的难易程度以及对充填材料性能影响的基础上,分析了焦煤矿充填材料的原料组成和原料特点。为了获得最佳的原料配比,确定三因素三水平的正交试验,采用坍落度对充填料浆的工作性能进行测试,对充填材料在 3 d、28 d 的抗压强度进行测试,对每种配比的经济成本进行计算分析,通过使用 FLAC^{3D} 软件对铁塔的稳定性和安全性进行数值模拟的计算和评估,根据铁塔的安全性规范主要计算铁塔基座的不均匀沉降、输电铁塔的倾斜度以及高压输电铁塔基座间距变化的具体数值,建议采用对 $4^\#$ 煤层进行全采全充的开采方式,对 $5^\#$ 煤层进行条带充填的开采方式,试验组 5 满足安全性要求,因此推荐的充填材料配比为水:骨料:水泥=28%:65.4%:6.5%。基于本书的研究成果对多煤层开采条件下,对评价高压输电铁塔稳定性和提出铁塔保护方案提供重要的理论参考和应用指导,具有广泛的研究价值和深远的研究意义。

由于作者水平所限,不足之处在所难免,恳请读者批评指正。

作者

2018 年 9 月

目　　录

第1章 绪 论

1.1 研究背景及意义

随着我国经济的快速发展,能源消耗不断增加。当下及未来很长时间内,在我国一次能源消费中,煤炭仍然占有主要地位。大范围煤层开采引起岩层移动、地表沉陷,对矿区内的建(构)筑物、山川河流、铁路公路、农田和桥梁隧道等造成极大危害。根据相关部门统计,国内大型生产矿井"三下"压煤量接近138亿t,各矿区几乎都存在建筑物下压煤的现象,由开采引发的地表沉陷量达到0.2 hm²/万 t[1],受采动影响而产生的地表塌陷、公共建筑设施遭到破坏等问题愈发严重。

矿山开采沉陷不仅造成民房、厂房等建筑物产生变形和破坏,而且会导致矿区内公路、铁路和电力构筑设施(如电塔、高压线路等)的损坏,严重干扰了交通运输的正常运行和社会供电通信等生活网络的运转,威胁社会安全并造成巨大的经济损失。煤层被大面积采出后,采场空区围岩的应力平衡遭到破坏,随着工作面不断推进,上覆岩层产生变形、移动和破坏,并发展到地表岩土层,造成地表建(构)筑物失稳破坏[2-3]。

以往关于"三下"开采的研究多集中于房屋、铁路、公路和水体下的开采的影响性分析[4-6],而对于采动影响下输电线路铁塔的稳定性研究较少。煤层赋存条件、岩层地质条件、开采方式的差异性和输电线路方向等诸多因素的存在,使得运用影响函数法、剖面函数法等传统的开采沉陷预计方法对多煤层、多工作面开采进行研究时存在一定的局限性。多煤层联合开采时,各层间采动影响区域彼此存在交集,应力场活化现象明显,开采过程中各层间相互影响,造成岩层移动变形破坏现象更加严重。为更好地了解及控制这种由于应力多次重新分布而引起的岩层空间结构非稳定现象,必须对各煤层回采后形成的围岩应力场、位移场有清晰的了解,进而比较筛选出合理的开采方案,减小各煤层间开采的影响以及地表的最大沉降值,这正是本书的研究重点之一。

随着我国现代化建设的进行,高压输电网络覆盖面越来越广,部分线路不可避免地需要穿过采空区和生产工作面,开采造成的地表沉降易使供电铁塔等高耸构筑物发生倾斜,增加铁塔的倾覆力矩,使连接于铁塔上的导(地)线两端产生不平衡张力,造成塔体、导(地)线应力重新分布和变形,从而影响供电网络的正常运行,给工业建设和人民日常生活带来极大不便。因此,分析评价井下开采过程中地表稳定性和供电铁路安全性,对于工业现代化建设有重要意义,尤其是在地下煤层赋存条件和开采方式复杂(如多煤层联合开采)的情况下,如何做到解放资源与地表环境保护并举,对于采矿技术研究人员是一个难题[7-14]。

大同市焦煤矿有限责任公司下设两矿,即一矿和二矿,两矿合计地质储量为599 048 万 t。两矿开采范围内,地表存在高压供电铁塔、村庄对矿井煤炭的压覆,其中村庄压覆储量为 48.24 万 t,铁塔压覆储量为 56 万 t+23.58 万 t,合计压覆储量为 127.82 万 t,对整个井田的开拓部署影响极大。

焦煤矿一矿现开采 4# 煤 303 盘区 8313 工作面,煤层厚度 6.3～7.2 m,采用综放开采技术,采厚较大,导致地表沉陷与移动的范围较大。该盘区地面有内蒙托可托—山西浑源 500 kV 高压架空线路,地面铁塔有 4 个,编号为 321、324、339 和 340,为保证现 4# 煤及后续 5#、8#、9# 煤开采地表下沉不使地面铁塔倾斜、倒塌,须留设大量保护煤柱,增加矿井工作面搬家倒面次数,严重影响矿井开采布局与经济效益。

本书以焦煤矿一矿供电塔线下多煤层开采为背景,研究焦煤矿多煤层开采上覆岩层移动规律,通过煤层开采布局合理优化、采空区充填等手段,实现减沉开采的绿色开采模式,安全保护"地面高压铁塔",增加煤炭资源采出率,减少工作面搬家次数,对大幅度提高矿井的经济效益具有极其重要的现实意义。

1.2　国内外研究现状

1.2.1　国内外地下开采岩层移动规律的研究现状

矿山开采沉陷本身是一门独立性学科,其综合性是比较强的,涉及的学科知识包括测量、地质、岩石力学、数学等很多,它的所有理论和这些学科有着非常紧密的联系,各学科之间既互相制约依赖,又互相补充促进,从而把矿山开采沉陷打造成了一门集众多理论于一体的综合性独立学科[15-19]。

随着时间的推进、科技的进步,开采沉陷学的发展越来越完善,从发展的历史来看,分为:1900 年以前,1901—1940 年,1940 年至现在。若按开采沉陷学科的发展来分的话,包括假说推理阶段,根据现场实测资料总结规律阶段,方法和理论的建立阶段[20-36]。

（1）1900 年以前的推理假说阶段

1825 年和 1839 年，比利时组成的专门委员会提出了垂线理论，虽然该理论缺陷很多，但毕竟是往前迈进了一步，值得赞扬学习；1882 年，Oesterr 教授提出了自然斜面理论，认为下沉盆地是由自然斜面角所圈定的，其圈定的移动范围与现代开采沉陷理论虽然相近，但他的理论只适用于水平矿层，可毕竟他第一次提出了岩层移动范围与岩层性质有关的思想，这就是创举，要敢于根据实际的观测资料进行原因的猜测，假说，真理就是这样提出来的；1885 年，Fayol 提出了圆拱形理论，认为岩层移动的形式是塌陷式的，移动波及的地表区域会呈现圆拱形，还有至今理论界还在沿用的平衡圆拱理论，他是第一个用室内模型研究开采沉陷问题的学者；1876—1884 年，Jlcinsky 创造了二等分线理论，同时建立了计算移动角的公式，他的思想相对来说比较靠近我们现代所用理论；1895—1897 年，Hause 认为煤炭采出后，会在采空区形成塌落、弯曲的综合移动带，还提出了岩层膨胀系数的范围是 0.01～0.02；达尔特穆特煤矿管理局在对地面进行系统观测的基础上创立了达尔特穆特规则。

（2）1901—1940 年

1907 年，Korten 依据实测数据，建立了水平移动、变形规律，这个规律跟现代的非充分采动条件下地表移动规律较吻合，并且他认识到在急倾斜开采条件下地表的水平移动可能大于下沉；苏联一些专家根据实际的观测，提出了当煤炭采出后新的采空区会随着变形逐渐移动侵入到旧的采空区，这个观点至今仍在被采用；1910 年，Puschmann 在他的书中第一次给出了关于岩层移动的观测结果，从而引起了一股大量学者模仿其书中相应岩层移动观测，而且取得了不少有价值意义的理论成果；1934—1935 年，Gluckauf 根据自己的计算方法，创建了极限角值确定这一理念，同时苏联的一些学者通过研究大量的现场实测资料，以及相关的立体模型试验，建立了沉陷区的地表移动变形规律，还第一次绘出了相应的等值线图，这次令人惊叹的成果通过和现场的实际情况相比较，其结果是非常吻合的；在同一时期，美、英、苏联等国对地表移动进行了系统观测，获得了地表移动变形规律，还通过现场观测地表建筑物的损坏程度，获得了建筑物损坏等级与地表变形的关系。

（3）1940 年至现在

1947 年，阿威尔辛在其新出版的关于岩层移动方面的著作中，非常条理地对岩层移动规律及移动参数进行了研究，后来，受到阿威尔辛的影响，各国学者建立了大量的预测方法和公式，如影响函数、剖面函数和数值计算法等；1950 年左右，我国开始在淮南、开滦两矿区建立地表移动观测站，如抚顺、阜新、峰峰等矿区都建立观测站，到目前为止，已有几百个观测站，从而获得了大量地表移动观测数据,为预测方法及参数研究提供了可靠数据;20 世纪 80 年代,北京开采研究所、中国矿业大学等先后引进了钻孔伸长仪和测斜仪,在淮北、抚顺露天矿、邢台等矿区进行了岩体内部移动规律,为深入分析岩体内部移动规律提供了基础数据[37-43]。

以上就是国内外的研究理论,从中看到一个科学的理论得来是多么不容易,这需要理论与实践的反复验证、互相推进。

1.2.2 国内外多煤层开采地表沉陷的研究现状

多煤层开采过程中产生了一系列的采场顶板岩层破断失稳以及地表沉降塌陷现象,为了解其中各层间开采的相互影响性和岩层动态回转下沉机理,我国学者利用力学模型计算、相似材料模拟和数值软件模拟等手段进行了大量研究。夏筱红、隋旺华等[44-46]分析了多煤层联合开采的适用性和岩层的工程地质条件,利用工程地质力学模型与数值模拟计算的综合分析方法,研究了山西组煤层赋存情况、水文地质条件以及多煤层开采造成的岩层受力破坏机理,总结出岩层运移关键参数和多层煤开采后岩层内的应力应变情况,获得了多煤层同采形成的垮落带与导水裂隙带的分带高度,计算结果可用于导水裂隙带传播影响范围的判断。

张志祥等[47-48]基于高速公路下伏开采工作面的实际工程背景,利用相似模拟的实验手段,研究了多煤层开采条件下顶板岩层移动与地表变形规律。根据以往实践经验,在多煤层开采厚度不断累加的情况下,顶板"三带"岩层与地表下沉量、地表倾斜值、水平位移及曲率值都会不断增大,采场顶板岩层破坏程度加大,下沉盆地更加明显。李全生等[49]以安家岭井工矿 4 号和 9 号煤层开采为工程背景,研究了两煤层联合开采顶底板岩层间的相互干扰规律,基于相似模拟与数值模拟相结合的方法分析了下部煤层开采对上部工作面平巷的影响规律,及变化煤柱宽度条件下下部工作面的围岩应力情况,同时研究了上部工作面平巷围岩应力与应变重新分布与情况,重新布置煤柱宽度,使上部工作面平巷处在开采影响范围之外。

于斌[50]采用理论分析、数值模拟和现场监测等方法,首先建立多煤层破断顶板群结构演化模型,推演不同煤层开采时破断顶板群发育扩展高度,获得了"遗留煤柱-破断顶板群结构"共同作用下工作面支护强度计算公式;其次通过数值模拟揭示了破断顶板群结构发育扩展规律;最后进行现场监测验证。结果表明:侏罗系煤层群间距较小,间隔岩层极易破断,易与上层煤已垮落和破断的顶板结构连接,形成破断顶板群结构;虽然石炭系与侏罗系煤层间距较大,但侏罗系煤层破断顶板群岩层重量通过遗留煤柱向下传递,并与石炭系煤层破断顶板共同作用于工作面支架上,致使石炭系煤层工作面支架压力显著增大。

刘红元等[51-53]基于自主研发的RFPA[2D]岩层运移模拟系统对多煤层开采岩层的破坏失稳过程进行了仿真,研究表明上部煤柱对顶板岩层的移动存在影响作用,无法改变岩层断裂失稳的周期性,地表存在对称的水平和垂直方向的移动;当垮落带达到一定范围后,顶板岩层存在大面积的失稳的可能,进而出现剧烈的次生来压现象,影响了采煤工作面的正常生产。

黄庆享、严孝文、郝刚、吴侃等[54-59]研制出一种采用空气压缩设备对老采空区"活化"进行相似材料模型的设备,并采用工业测量系统对压力下的相似材料模型进行监测,应用表明,该监测系统下的模型设计能真实的反映老采空区"活化"的整个过程,从而为准确掌握老采空区"活化"的移动和变形规律提供可靠数据。

刘书贤、魏晓刚等[60-64]以七台河矿业精煤集团胜利煤矿一采区十二井为研究背景,采用基于概率积分法的煤矿采动地表移动变形的预计分析方法,建立煤矿采动地表移动变形预测模型,选取适当模型参数,通过理论分析与现场调查相结合的方法,探讨重复强开采条件下地表移动诱发建筑物裂缝的成因机制。对比理论分析与现场调研结果可知:高频次高强度的重复开采活动削弱了煤柱稳定性,导致采空区上覆岩层移动变形破坏加剧,增大了原有的地表下沉趋势。

文献[65-68]利用FLAC数值模拟软件,系统研究了不同断层倾角、不同断层带宽度和上下煤柱不同空间位置关系时受断层影响的地表移动规律,研究结果表明当存在断层时,先采上盘与先开采下盘的开采顺序不同,地表移动是存在差异的,这种差异与断层倾角、断层带宽度、上下煤柱对齐程度有关。

1.2.3 地表沉陷控制的研究现状

开采沉陷控制就是使用合理的开采方式以减少采矿所引起的地表变形沉降,进而防止地表建(构)筑收到地表沉陷的影响而变形失稳;岩层破断失稳和地表沉陷情况由地质条件和开采方式所决定,因此,在地质条件既定的前提下,合理选择采矿方法、布置开采方案以及设计采区参数非常重要,目前"三下"开采主要的减沉采矿方法有充填采矿法、部分开采法、协调开采法。

（1）充填采矿法

充填采矿法分为传统的采空区充填技术、离层充填技术和冒落块石空隙充填,而传统的全部充填开采缺点在于充填成本价格偏高、空区充填量大、可利用的充填材料偏少、工艺流程有碍于高效开采模式的发展[69-83]。随着绿色开采概念的提出和发展,考虑主关键层直接决定着上覆岩层结构的整体稳定性,该层变形失稳将引起地表的共同下沉,而且地表的沉降参数也会随着主关键层的回转变形而呈规律性变化。因此,在地下开采过程中地表的稳定性取决于对主关键层稳定程度的控制,许家林等[84-89]提出了应形成"条带煤柱或充填体-上覆岩层-主关键层"结构体系控制开采引起的地表失稳,并且在充填技术上进行了革新,采取部分充填,具体分为采空区膏体充填、覆岩离层分区隔离注浆充填、条带开采冒落区注浆充填[90-91],该技术成果已在山东、安徽各大矿区进行了实践研究。

① 采空区膏体充填

膏体充填把固体废物利用与"三下一上"开采关键的上覆岩层开采沉陷控制有机结合,在采煤工作面后方直接顶未垮落前,即利用矸石等固体废物膏体充填形成有效的支撑体系,从开采沉陷的源头控制,是一种新的探索,主要表现在以下 4 个方面:

a. 膏体充填可以大幅度提高煤炭资源采出率,为煤矿可持续发展创造有利条件。对于"三下"压煤,长期以来主要采用条带开采,煤炭资源采出率一般只有40%~50%,而采用膏体充填开采以后,绝大多数"三下"压煤,可以布置长壁工作面采用无煤柱开采,采出率达到 80%以上。膏体充填开采可以有效减少采煤工作面回采过程中对顶板、底板岩层的破坏程度与影响范围,可以大幅度减少煤层露头保护煤柱、断层保护煤柱范围,提高水体下采煤的开采上限,拓宽承压水上安全采煤范围,增大煤矿可采储量。

b. 膏体充填可以显著提高煤矿安全保障度。膏体充填开采有效减少采煤工作面回采过程中对顶板、底板岩层的破坏与影响范围,同时降低了采场周围矿山压力集中程度,有利于采煤工作面和回采巷道的安全,也为取消区段煤柱,实现沿空留巷 Y 形通风,解决高瓦斯煤层通风安全创造了有利条件。对于有自然发火倾斜的煤层,工作面后方采空区膏体充填以后,采空区不再具备漏风条件,采空区再难以自然发火。对于地方煤矿房柱式开采,膏体充填不仅可以回收遗留煤柱资源,还可以防治采空区大面积来压引发的地质灾害。

c. 膏体充填可以有效地减少开采沉陷对煤矿当地土地和生态环境的破坏,保护地表建(构)筑物。与干式充填、水砂/矸石充填等比较,膏体充填体具有更好的密实性,采用膏体充填可以取得最好的减少开采沉陷、减少煤矿开采对土地和地下水资源的破坏、有效保护地表建(构)筑物的效果。

d. 膏体充填可以使煤矸石、粉煤灰等固体废弃物得到资源化利用,减少矸石排放占用土地和污染环境。膏体充填体每立方米可以利用煤矸石、粉煤灰等固体废弃物 1.5 t 左右,坚持使用膏体充填可以逐步消灭煤矿矸石山、发电厂灰场,减少固体废弃物堆放占用土地和污染环境。

② 覆岩离层分区隔离注浆充填

采动覆岩隔离注浆充填是一种将注浆工艺运用到采矿工程当中实现地表沉

陷控制的新技术。经过多年的工程实践,确定了用粉煤灰浆作为充填材料不仅具有良好工作特性,还解决了废弃粉煤灰对环境的污染,因此目前研究的重点方向是注浆对象的可注性及浆液在岩体内的流动规律。

许家林、钱鸣高等通过关键层理论分析了岩层移动离层演化规律,提出了"覆岩离层分区隔离充填减沉法",发展了覆岩离层充填减沉技术[92-93]。朱卫兵等对"覆岩分区隔离注浆充填减沉"技术原理进行了研究,提出了"离层区充填体＋关键层＋分区隔离煤柱"共同承载体[89]。王忠昶、张文泉等[94-97]采用前端泄露式多回路注(放)水系统对实施注浆充填的覆岩导水裂隙带特征进行了连续探测,发现注浆条件下的导水裂隙带高度略大于正常条件开采的高度,且覆岩破坏形态和范围向工作面外侧突出较大。王成真、冯光明等提出了超高水材料覆岩离层及冒落裂隙带注浆充填技术以解决传统注浆工艺离层区大量承压可流动水体带来的问题[98-102]。轩大洋、许家林等通过注浆充填控制巨厚火成岩下动力灾害的试验研究,表明注浆充填可以使火成岩受到有效支撑并降低实体煤侧的应力集中状态,同时控制火成岩运动并防止其突然破断。

③ 条带开采冒落区注浆充填

条带开采冒落区注浆充填是煤矿部分充填的一部分,是一个全新的建筑物下压煤开采技术思路[103-110]。其学术思想就是:条带开采导致地表下沉的主要原因是条带采出后包括采空区及其上部一定范围岩层内形成冒落区。冒落区随即失去承载能力,并将其上部岩层的载荷转移到两侧留设的煤岩柱上。留设煤柱及其上方一定范围内岩层上所承受的载荷增加导致煤岩柱压缩变形,压缩变形累积导致地表沉陷。条带开采冒落区注浆充填就是在建筑物压煤条带开采情况下,通过地面或井下钻孔向采出条带已冒落采空区的破碎矸石进行注浆充填,充填破碎矸石空隙,加固破碎岩石,使得采出条带冒落区重新起到承载作用,有效减轻留设煤柱及其上方一定范围内岩柱上所承受的载荷,使得煤岩柱的压缩变形减小,从而减缓覆岩移动往地表的传播;同时利用充填材料与冒落区内矸石形成的共同承载体来缩短留设条带的宽度或者扩大采宽,以达到提高资源采出率的目的。针对条带开采冒落区注浆充填新技术需要研究的问题很多。其减沉机理及相关的理论是首要研究的问题,解决理论问题之后才能确定其适用条件;同时,研究出符合煤矿特点的注浆施工工艺和充填系统,才能最终确立完备的施工方法;此外,如何使用、研发低用量和低成本的冒落区注浆材料等问题值得深入探讨。

(2) 部分开采法

部分开采又包括条带式开采和房柱式开采,在国内外矿山生产中,地表沉陷的控制、保护地表设施和自然生态环境方面条带开采得到了大规模的应用,该技术也成为未来国内绿色矿山开采技术体系内的重要组成部分[111-116]。近年来,随着单一条带煤层开采逐渐成熟,条带开采在多煤层中的应用不断增多,由于各层间开采的相互影响以及巷道布置方式的不同,导致围岩应力场分布以及矿压规律的差异性,进而多煤层条带开采的采场布置和岩层力学响应要明显区别于单一煤层,本书的研究背景也是针对多煤层开采地表的稳定性评价,但对多煤层条件下的条带开采成熟的理论研究较少,该条件下系统的地表沉陷预计理论与力学模型还未给出,利用传统沉陷预计理论算法代入后与现场实测结果差别较大。研究多关注于条带留设尺寸对顶板覆岩结构及地表沉陷的影响,而对于条带布置位置不同所带来的空间效应研究较少,为了避免无依据盲目地进行条带开采设计和岩层地表移动规律的预测,需要基于理论、实测与模拟相结合的手段对条带尺寸、各条带空间位置效应以及煤柱-顶板-地表复合体系进行稳定性的深入研究。

(3)协调开采法

所谓协调开采就是多煤层或多个分层同采时,合理规划工作面错开距离,利用最佳错距使各工作面间产生的地表的各类变形相互抵消,最终达到控制地表动态或静态变形和沉陷的目的[117-123]。根据实际生产中所反映的情况,该技术对减小地表变形有一定效果,但是在矿山生产管理过程中操作难度较大,不易于完全按方案实现,多煤层或分层协调进行开采反而容易加大地表下沉的速度,鉴于其存在的难度和弊端,在我国矿山中应用较少。

1.3 多煤层开采沉陷理论与实践研究存在的主要问题

1.3.1 多煤层开采沉陷研究存在的关键技术问题

通过以上分析,对于煤层开采地表沉陷的问题,国内外学者和工程技术人员都开展了大量的研究工作,并取得了很多有参考意义的成果。对比分析显示,关于多煤层开采地表沉陷方面的研究成果较少。从目前来看,对多煤层开采覆岩层移动规律及地表沉陷机理尚未进行全面系统的研究,缺乏完整的理论体系。总结起来,存在的主要问题包括以下3个方面:

(1)基于随机介质理论的概率积分法在我国采矿行业应用广泛且较为成

熟,许多学者设计开发了沉陷预计软件,但现有的开采沉陷预计软件大多使用高级编程语言 VB、VC＋＋编写,编程效率较低。并且现有沉陷预计多以规则的开采空间来进行设计开发,但由于实际生产中大量采空区形状是不规则的,软件预计结果与实际情况存在一定的偏差。

(2) 现有研究大部分针对单一煤层开采后地表沉陷规律的研究,对多煤层开采地表沉陷研究较少,并且大部分是针对煤层开采采场围岩控制方面的研究。

(3) 多煤层开采地表沉陷最终是一个时空演变问题,现有关于多煤层开采沉陷研究多针对开采结束后地表最终沉陷量,但煤层的开采是一个动态的过程,地表的下沉也应该考虑其动态开采效应。本书关于多煤层开采地表沉陷规律研究,考虑其开采过程中的动态效应,从而确定开采过程中对地表建筑物(铁塔)影响最危险位置。

1.3.2　焦煤矿多煤层开采地表供电线路铁塔保护的关键技术问题

供电线路铁塔在结构上明显不同于普通的楼房、烟囱等建构(筑)物,塔-线体由地基、基础、钢结构和导(地)线共同组成,该空间结构组成复杂,其受力变形规律有别于烟囱、高楼等常见建(构)筑物。在井工开采造成地表移动变形的情况下,塔下基础随之沉降变形,地表倾斜时塔体由于其底面积小、高度大的形状特征而变形倾覆,可能导致电塔倾倒、相关设施变形和线路中断等问题。由于电塔与高压线路是一个协同变形的连续耦合体系,且受地表的倾斜的影响而失稳,针对此类特殊的高耸复杂构筑物,不能照搬传统的建(构)筑物开采沉陷预计理论进行损害评价,应根据具体的地表沉降、变形和沉降情况对铁塔和线路的内部应力和变形特征进行研究[123-128]。总结起来,存在的主要问题包括以下 3 个方面:

(1) 多煤层开采地表下沉量与各煤层单独开采地面下沉量之间的关系。开采下煤层时上煤层采空区上覆岩层"活化"后对地表下沉量的最终影响现无确切理论可准确分析。

(2) 下煤层开采为保护地表铁塔的开采布局问题。下煤层开采地面的高压供电铁塔所受影响在安全范围内,煤柱宽度、工作面推进方向和停采线位置的确定。

(3) 焦煤矿条件下铁塔安全与否的判断准则。地面供电线路铁塔是一个塔体-线路协同变形的连续耦合体,与传统的地表建筑物不同,不能照搬建(构)筑物开采沉陷预计理论进行损害评价。

1.4 本书主要研究内容与技术路线

1.4.1 主要研究内容

（1）焦煤矿 4# 煤层开采地表沉陷规律理论预测研究

根据山区地表移动与变形预计理论，结合焦煤矿 4# 煤层开采技术条件，预测 8503 工作面开采地表移动规律。

（2）焦煤矿 4# 煤层开采地表移动规律实测研究

针对焦煤矿现开采 4# 煤层 8503 工作面技术条件，制定实测方案，进行地表移动实测研究，并对高压铁塔的影响进行评价。

（3）地表高压供电铁塔的损坏特征及开采沉陷的关系研究

建立山区开采沉陷引起高压供电铁塔破坏的力学模型，对供电铁塔可能发生的线路拉断、倒杆、杆体折断等损伤建立判别准则，并对焦煤矿开采 4# 煤层、5# 煤层供电铁塔安全性进行评价。

（4）多煤层开采地表移动规律数值模拟研究

对焦煤矿各煤层开采技术参数进行设计，确定各煤层开采方案，采用 FLAC³ᴰ 有限差分计算软件，进行各煤层开采模拟，总结各煤层常规开采和充填开采地表移动规律。

（5）焦煤矿多煤层开采布局优化保护高压供电铁塔研究。

焦煤矿 4# 煤层开采三种开采布局方案对高压供电铁塔保护的数值模拟计算，对比分析高压供电铁塔的保护效果，并对其进行安全性评价，确定下部开采煤层开拓布局原则，并进行焦煤矿基于优化布置的地面高压供电铁塔保护效果预测。

（6）焦煤矿多煤层充填开采保护高压供电铁塔的研究

进行焦煤矿多煤层开采充填材料的选择、配比试验方案设计，确定工作面充填工艺和设备选型，进行充填效益分析，并对充填开采地表铁塔的保护效果进行对比分析。

1.4.2 技术路线

本书综合采用理论分析、相似模拟试验、数值模拟计算、现场实测等研究方法开展研究，采取的技术路线如图 1-1 所示。

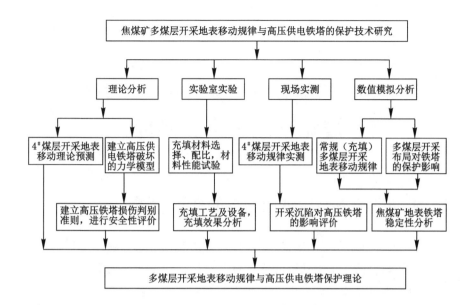

图 1-1　技术路线图

第 2 章 焦煤矿 4$^\#$ 煤层开采地表移动理论预测及实测研究

2.1 采动影响下高压供电铁塔的变形预测

由于开采引起地表移动变形,导致供电铁塔移动变形。通过将地表移动变形预测结果,结合高压供电铁塔的特点将其运用到开采引起的高压供电铁塔移动变形上,能够有效地预测高压供电铁塔的移动变形。地表移动变形对高压供电铁塔的影响主要有高压供电铁塔的倾斜、水平移动、不均匀沉降等多方面。

根据我国多次在高压供电铁塔下开采煤炭资源的经验,如果高压供电铁塔位于开采工作面两侧,高压供电铁塔会产生向采空区方向的倾斜和位移。当高压供电铁塔位于开采工作面上方或与工作面平行时,会产生倾斜和不均匀沉降。而对于本书研究的山区地表的移动变形,可通过何万龙教授提出的开采引起的山区地表移动与变形预计计算公式,预测山区地表移动变形,其预计公式如下:

山区地表下沉和水平移动的预计公式:

$$W_{(x)} = W_{1(x)} + b_{2(x)} W_{1(x)} \tan^2 \alpha \tag{2-1}$$

$$U_{(x)} = U_{(1)} + b_{2(x)} W_{1(x)} \tan \alpha \tag{2-2}$$

式中 $W_{1(x)}$ ——地表的下沉;

$U_{1(x)}$ ——地表水平位移;

α ——地面倾角;

$b_{2(x)}$ ——坡度干扰系数,其取值与地表岩层性质以及测点在山地中的位置有关。

如果 $W_{(x)}$ 和 $U_{(x)}$ 为已知量时,倾斜 $i_{(x)}$、曲率 $K_{(x)}$ 和水平变形 $\varepsilon_{(x)}$ 值可按以下公式进行计算:

$$i_{(x)} = \frac{W_{(x+l)} - W_{(x)}}{l} = \frac{\Delta W_{(x)l}}{l} \tag{2-3}$$

$$K_{(x)} = \frac{i_{(x+l)} i_{(x)}}{l} = \frac{\Delta i_{(x)l}}{l} \tag{2-4}$$

$$\varepsilon_{(x)} = \frac{U_{(x+l)} - U_{(x)}}{l} = \frac{\Delta U_{(x)l}}{l} \tag{2-5}$$

式中　l——计算点之间的距离；

　　$\Delta W_{(x)l}, \Delta U_{(x)l}$——相邻两观测点间下沉和水平移动差；

　　$\Delta i_{(x)l}$——计算点两侧的倾斜偏差。

由式(2-3)～(2-5)可知,各变形量与两观测点之间的距离 l 有关,不同的间距 l,其变形值不同。因此,需要用 $W_{(x)}$ 和 $U_{(x)}$ 的表达式变换成与 x/r 有关的函数,计算各个变形值表达式。

由式(2-1)、(2-2),将 $i_{(x)}$ 作为 $W_{(x)}$ 的一阶导数,将 $\varepsilon_{(x)}$ 和 $K_{(x)}$ 分别当作 $U_{(x)}$ 的一阶导数和 $W_{(x)}$ 的二阶导数。对式(2-1)、(2-2)两式分别求导可得:

$$i_{(x)} = \frac{\mathrm{d}W_{(x)}}{\mathrm{d}x} = \frac{\mathrm{d}W_{1(x)}}{\mathrm{d}x} + \left[b_{2(x)} \cdot \frac{\mathrm{d}W_{1(x)}}{\mathrm{d}x} + W_{1(x)} \cdot \frac{\mathrm{d}b_{2(x)}}{\mathrm{d}x} \right] \cdot \tan^2\alpha \tag{2-6}$$

$$K_{(x)} = \frac{\mathrm{d}^2 W_{(x)}}{\mathrm{d}x}$$

$$= \frac{\mathrm{d}^2 W_{1(x)}}{\mathrm{d}x^2} + \left[b_{2(x)} \cdot \frac{\mathrm{d}^2 W_{1(x)}}{\mathrm{d}x^2} + 2\frac{\mathrm{d}W_{1(x)}}{\mathrm{d}x} \cdot \frac{\mathrm{d}b_{2(x)}}{\mathrm{d}x} + W_{1(x)} \cdot \frac{\mathrm{d}^2 b_{2(x)}}{\mathrm{d}x^2} \right] \tan^2\alpha \tag{2-7}$$

$$\varepsilon_{(x)} = \frac{\mathrm{d}U_{(x)}}{\mathrm{d}x} = \frac{\mathrm{d}U_{1(x)}}{\mathrm{d}x} + \left[b_{2(x)} \cdot \frac{\mathrm{d}W_{1(x)}}{\mathrm{d}x} + W_{1(x)} \cdot \frac{\mathrm{d}b_{2(x)}}{\mathrm{d}x} \right] \tan\alpha \tag{2-8}$$

由于

$$\frac{\mathrm{d}W_{1(x)}}{\mathrm{d}x} = i_{1(x)}, \frac{\mathrm{d}^2 W_{1(x)}}{\mathrm{d}x^2} = K_{1(x)}, \frac{\mathrm{d}u_{(x)}}{\mathrm{d}x} = \varepsilon_{1(x)} \tag{2-9}$$

代入式(2-6)～(2-8),得:

$$i_{(x)} = i_{1(x)} + \left[b_{2(x)} i_{1(x)} + W_{1(x)} \cdot \frac{\mathrm{d}b_{2(x)}}{\mathrm{d}x} \right] \tan^2\alpha \tag{2-10}$$

$$K_{(x)} = K_{1(x)} + \left[b_{2(x)} K_{1(x)} + 2i_{1(x)} \cdot \frac{\mathrm{d}b_{2(x)}}{\mathrm{d}x} + W_{1(x)} \cdot \frac{\mathrm{d}^2 b_{2(x)}}{\mathrm{d}x^2} \right] \tan^2\alpha \tag{2-11}$$

$$\varepsilon_{(x)} = \varepsilon_{1(x)} + \left[b_{2(x)} i_{1(x)} + W_{1(x)} \cdot \frac{\mathrm{d}b_{2(x)}}{\mathrm{d}x} \right] \tan\alpha \tag{2-12}$$

由于 $b_{2(x)}$ 为由开采边界至中心的减函数,在走向半无限开采主断面上的 $b_{2(x)}$ 可将其近似地表示为:

$$b_{2(x)} = [a(x/r) + t]^{-1} \tag{2-13}$$

式中,a、t 为参数,$a = 0.5$,$t = 0.54$。

将式(2-13)对 x 求一、二阶导数可得:

$$\frac{\mathrm{d}b_{2(x)}}{\mathrm{d}x} = -\frac{a}{r}\left(a\frac{x}{t}+t\right)^{-2}$$

$$\frac{\mathrm{d}^2 b_{2(x)}}{\mathrm{d}x^2} = -\frac{2a^2}{r^2}\left(a\frac{x}{r}+t\right)^{-3}$$

(2-14)

$$W_{1(x)} = \frac{W_{1\max}}{2}\left[1+\mathrm{erf}\left(\sqrt{\pi}\,\frac{x}{r}\right)\right]$$

$$U_{1(x)} = b\cdot W_{1\max}\mathrm{e}^{-\pi\left(\frac{x}{r}\right)^2} = U_{1\max}\mathrm{e}^{-\pi\left(\frac{x}{r}\right)^2}$$

$$i_{1(x)} = \frac{W_{1\max}}{r}\mathrm{e}^{-\pi\left(\frac{x}{r}\right)^2}$$

(2-15)

$$K_{1(x)} = 2\pi\frac{W_{1\max}}{r^2}\left(-\frac{x}{r}\right)\mathrm{e}^{-\pi\left(\frac{x}{r}\right)^2}$$

$$\varepsilon_{1(x)} = 2\pi b\frac{W_{1\max}}{r}\left(-\frac{x}{r}\right)\mathrm{e}^{-\pi\left(\frac{x}{r}\right)^2}$$

将式(2-13)、(2-14)、(2-15)代入式(2-1)、(2-2)、(2-10)、(2-11)、(2-12)，得到山区地表移动变形函数表达式：

$$W_{(x)} = \frac{1}{2}\left[1+\mathrm{erf}\left(\sqrt{x}\,\frac{x}{r}\right)\right]\cdot\left[1+\left(a\frac{x}{r}+t\right)^{-1}\tan^2\alpha\right]W_{1\max}$$

(2-16)

$$U_{(x)} = \frac{1}{2}\left[2\mathrm{e}^{-\pi\left(\frac{x}{r}\right)^2}+\frac{1}{b}\left(1+\mathrm{erf}\sqrt{\pi}\,\frac{x}{r}\right)\left(a\frac{x}{r}+t\right)^{-1}\tan\alpha\right]U_{1\max}$$

(2-17)

$$i_{(x)} = \left\{\mathrm{e}^{-\pi\left(\frac{x}{r}\right)^2}+\left[\left(a\frac{x}{r}+t\right)^{-1}\cdot\mathrm{e}^{-\pi\left(\frac{x}{r}\right)^2}-\frac{a}{2}\left(a\frac{x}{r}+t\right)^{-1}\cdot\right.\right.$$

$$\left.\left.\left(1+\mathrm{erf}\sqrt{\pi}\,\frac{x}{r}\right)\right]\tan^2\alpha\right\}i_{1\max}$$

(2-18)

$$K_{(x)} = \left\{2\pi\left(-\frac{x}{r}\right)\mathrm{e}^{-\pi\left(\frac{x}{r}\right)^2}+\left[\left(a\frac{x}{r}+t\right)^{-1}2\pi\left(-\frac{x}{r}\right)\mathrm{e}^{-\pi\left(\frac{x}{r}\right)^2}-2a\left(a\frac{x}{r}+t\right)^{-2}\cdot\right.\right.$$

$$\left.\left.\mathrm{e}^{-\pi\left(\frac{x}{r}\right)^2}+a^2\left(a\frac{x}{r}t\right)^{-2}\cdot\left(1+\mathrm{erf}\sqrt{\pi}\,\frac{x}{r}\right)\right]\tan^2\alpha\right\}0.66K_{1\max}$$

(2-19)

$$\varepsilon_{(x)} = \left\{2\pi\left(-\frac{x}{r}\right)\mathrm{e}^{-\pi\left(\frac{x}{r}\right)^2}+\frac{1}{b}\left[\left(a\frac{x}{r}+t\right)^{-1}\mathrm{e}^{-\pi\left(\frac{x}{r}\right)^2}-\frac{a}{2}\left(a\frac{x}{r}+t\right)^{-2}\cdot\right.\right.$$

$$\left.\left.\left(1+\mathrm{erf}\sqrt{\pi}\,\frac{x}{r}\right)\right]\tan\alpha\right\}0.66\varepsilon_{1\max}$$

(2-20)

式中

$$\left.\begin{array}{l} U_{1\max} = b\cdot W_{1\max} \\[2mm] i_{1\max} = \dfrac{W_{1\max}}{r} \\[2mm] K_{1\max} = \pm1.52\dfrac{W_{1\max}}{r^2} \end{array}\right\}$$

(2-21)

式中，$W_{1\max}$、b 和 r 分别表示相同地质采矿条件下最大下沉量、水平移动系数和主要影响半径。

$$f(W_x) = f(U_x) = \frac{1}{2}\left[1 + \mathrm{erf}\,\sqrt{\pi}\,\frac{x}{r}\right]\left[a\,\frac{x}{r} + t\right]^{-1} \tag{2-22}$$

$$f(i_x) = f(\varepsilon_x) = \left[\left(a\,\frac{x}{r} + t\right)^{-1} \mathrm{e}^{-\pi\left(\frac{x}{r}\right)^2} - \frac{a}{2}\left(1 + \mathrm{erf}\,\sqrt{\pi}\,\frac{x}{r}\right)\left(a\,\frac{x}{r} + t\right)^{-2}\right] \tag{2-23}$$

$$f(K_x) = 0.66\left[\left(a\,\frac{x}{r} + t\right)^{-1} 2\pi\left(-\frac{x}{r}\right)\mathrm{e}^{-\pi\left(\frac{x}{r}\right)^2} - 2a\left(a\,\frac{x}{r} + t\right)^{-2}\mathrm{e}^{-\pi\left(\frac{x}{r}\right)^2} + \right.$$
$$\left. a^2\left(a\,\frac{x}{r} + t\right)^{-3}\left(1 + \mathrm{erf}\,\sqrt{\pi}\,\frac{x}{r}\right)\right] \tag{2-24}$$

将以上各式，代入式(2-16)~(2-20)，结合式(2-15)可得：

$$W_{(x)} = W_{1(x)} + f(W_x) \cdot W_{1\max}\tan^2\alpha \tag{2-25}$$

$$U_{(x)} = U_{1(x)} + f(U_x)W_{1\max}\tan\alpha = U_{1(x)} + \frac{1}{b}f(U_x)U_{1\max}\tan\alpha \tag{2-26}$$

$$i_{(x)} = i_{1(x)} + f(i_x)i_{1\max} \cdot \tan^2\alpha \tag{2-27}$$

$$K_{(x)} = K_{1(x)} + f(K_x) \cdot K_{1\max} \cdot \tan^2\alpha \tag{2-28}$$

$$\varepsilon_{(x)} = \varepsilon_{1(x)} + \frac{0.66}{b}f(\varepsilon_x) \cdot \varepsilon_{1\max} \cdot \tan\alpha \tag{2-29}$$

将参数 $\alpha = 0.5$、$t = 0.54$ 代入可得 $f(x)$ 值，见表 2-1。

为更深入分析，将公式(2-25)~(2-29)进一步简化。

令
$$\left.\begin{aligned}
W_{2(x)} &= f(W_x) \cdot W_{1\max}\tan^2\alpha \\
U_{2(x)} &= \frac{1}{b}f(U_x) \cdot U_{1\max}\tan\alpha \\
i_{2(x)} &= f(i_x) \cdot i_{1\max}\tan^2\alpha \\
K_{2(x)} &= f(K_x) \cdot K_{1\max}\tan^2\alpha \\
\varepsilon_{2(x)} &= \frac{0.66}{b}f(\varepsilon_x) \cdot \varepsilon_{1\max}\tan\alpha
\end{aligned}\right\} \tag{2-30}$$

将式(2-30)代入式(2-25)~(2-29)可得：

$$\left.\begin{aligned}
W_{(x)} &= W_{1(x)} + W_{2(x)} \\
U_{(x)} &= U_{1(x)} + U_{2(x)} \\
i_{(x)} &= i_{1(x)} + i_{2(x)} \\
K_{(x)} &= K_{1(x)} + K_{2(x)} \\
\varepsilon_{(x)} &= \varepsilon_{1(x)} + \varepsilon_{2(x)}
\end{aligned}\right\} \tag{2-31}$$

由计算出的 $f(x)$ 值与现场观测值对比，有一定的偏差，根据公式(2-30)，$f(W_x)$ 和 $f(U_x)$ 与 $W_{2(x)}$ 和 $U_{2(x)}$ 成正比，但在矿井开采区域，地表处的倾角相同时，$W_{2(x)}$ 和 $U_{2(x)}$ 是由边界向中心递增的，所以 $f(W_x)$ 和 $f(U_x)$ 呈现递增趋势，是增函数，即其一阶导 $f(i_x)$ 和 $f(\varepsilon_x)$ 不会出现负数形式，二阶导数 $f(K_x)$ 不会为正。由于 $f(U_x)$ 恒为正，因此 $U_{2(x)}$ 的前置正负值与地表倾角相同，即地表表现为正坡时，$U_{2(x)}$ 导致地表产生拉伸，反坡时，$U_{2(x)}$ 导致地表产生压缩。根据以上分析，$\varepsilon_{2(x)}$ 的正负与倾角 α 相同，同时，由于 b 和 ε_{1max} 恒为正，因此 $f(\varepsilon_x)$ 不会呈现负数。出现这种偏差是由于 $b_{2(x)}$ 及其拟合函数产生的误差造成的。

表 2-1　　　　　山区移动与变形预计系数 $f(x)$ 和 $[f(x)F(K)]$

$f(x)$, $F(x)$	x/r										
	-0.2	-0.7	-0.5	-0.4	-0.1	0	$+0.1$	$+0.4$	$+0.5$	$+0.7$	$+1.0$
$f(w_x)$, $f(u_x)$	0.142	0.268	0.430	0.568	0.749	0.832	0.978	1.065	1.072	1.024	1.023
$f(i_x)$, $f(\varepsilon_x)$	-0.532	-0.064	$+0.632$	$+1.052$	$+1.253$	$+0.996$	$+0.559$	$+0.085$	-0.254	-0.400	-0.463
$f(k_x)$	$+11.764$	$+6.000$	$+2.611$	$+0.877$	-0.229	-1.232	-1.646	-1.352	-0.743	-0.194	$+0.110$
$F(W_x)$, $F(U_x)$	0.110	0.320	0.508	0.665	0.788	0.880	0.948	0.996	1.029	1.052	1.067
$F(i_x)$, $F(\varepsilon_x)$	1.089	1.007	0.865	0.698	0.536	0.395	0.283	0.199	0.138	0.094	0.064
$F(k_x)$	-0.142	-0.323	0.552	-0.503	-0.483	-0.388	-0.301	-0.209	-0.243	-0.112	-0.065

为了解决问题，需要用一个增函数来模拟公式（2-22），并在模拟公式基础上推得地表移动变形公式。采用 $F(W_x)=F(U_x)$ 替代 $f(W_x)=f(U_x)$，得：

$$F(W_x) = F(U_x) = d \cdot \mathrm{th}(x/r + c) \tag{2-32}$$

式中，c、d 为模拟系数。

根据矿区所处条件，计算得 $c=d=1.1$。将 $F(W_x)$、$F(U_x)$ 分别代入公式（2-25）和（2-26），再分别求 $W_{(x)}$ 和 $U_{(x)}$ 的一阶、二阶导数，得出经修改后的山区地表位移与变形预计公式：

$$W_{(x)} = \left\{ \frac{1}{2}\left[1 + \mathrm{erf}\left(\sqrt{\pi}\,\frac{x}{r}\right)\right] + d \cdot \mathrm{th}\left(\frac{x}{r} + c\right)\tan^2\alpha \right\}W_{1max} \tag{2-33}$$

$$U_{(x)} = \left\{ b \cdot \mathrm{e}^{-\pi\left(\frac{x}{r}\right)^2} + d \cdot \mathrm{th}\left(\frac{x}{r} + c\right)\tan\alpha \right\}W_{1max}$$

$$= \left\{ \mathrm{e}^{-\pi\left(\frac{x}{r}\right)^2} + \frac{d}{b} \cdot \mathrm{th}\left(\frac{x}{r} + c\right)\tan\alpha \right\}U_{1max} \tag{2-34}$$

$$i_{(x)} = \left\{ e^{-\pi\left(\frac{x}{r}\right)^2} + d \cdot \mathrm{sech}^2\left(\frac{x}{r} + c\right) \tan^2\alpha \right\} i_{\max} \tag{2-35}$$

$$K_{(x)} = \left\{ 2\pi\left(-\frac{x}{r}\right) e^{-\pi\left(\frac{x}{r}\right)^2} - 2d \cdot \sec h^2\left(\frac{x}{r} + c\right) \cdot \right.$$

$$\left. \mathrm{th}\left(\frac{x}{r} + c\right) \tan^2\alpha \right\} 0.66 K_{1\max} \tag{2-36}$$

$$\varepsilon_{(x)} = \left\{ 2\pi b\left(-\frac{x}{r}\right) e^{-\pi\left(\frac{x}{r}\right)^2} + d \cdot \sec h\left(\frac{x}{r} + c\right) \tan\alpha \right\} \frac{0.66}{b}\varepsilon_{1\max} \tag{2-37}$$

令

$$F(i_x) = F(\varepsilon_x) = d \cdot \sec h^2\left(\frac{x}{r} + c\right) \tag{2-38}$$

$$F(K_x) = -2(0.66)d \cdot \mathrm{sech}^2\left(\frac{x}{r} + c\right) \cdot \mathrm{th}\left(\frac{x}{r} + c\right) \tag{2-39}$$

将公式(2-32)、(2-38)、(2-39)代入式(2-33)～(2-37)可得：

$$W_{(x)} = W_{1(x)} + F(W_x) \cdot W_{1\max} \cdot \tan^2\alpha_0 \tag{2-40}$$

$$U_{(x)} = U_{1(x)} + F(W_x) \cdot W_{1\max} \cdot \tan\alpha_0 \tag{2-41}$$

$$i_{(x)} = i_{1(x)} + F(i_x) \cdot i_{1\max} \cdot \tan^2\alpha_0 \tag{2-42}$$

$$K_{(x)} = K_{1(x)} + F(K_x) \cdot K_{1\max} \cdot \tan^2\alpha_0 \tag{2-43}$$

$$\varepsilon_{(x)} = \varepsilon_{1(x)} + \frac{0.66}{b}F(\varepsilon_x) \cdot \varepsilon_{1\max} \cdot \tan\alpha_0 \tag{2-44}$$

　　由(x/r)作为引数可计算$F(x)$的值。代入矿区的模拟系数，计算出的$F(x)$值，见表 2-1。由表中的数值可知，其解决了产生的问题。

　　以下以焦煤矿为例进行预计。焦煤矿所处地形地质开采条件为：采高 $M = 9$ m；工作面长度 $L = 150$ m；平均开采深度 $H_0 = 291.44$ m；地表倾角 $\alpha_0 = 63°$，煤层倾角 $\alpha = 4°$。

　　预计参数如下：下沉系数 $q = 0.5$；拐点偏移距 $S_0 = 20$ m；主要影响角正切 $\tan\beta = 1.96$；水平移动系数 $b = 0.22$；主要影响半径 $r = H_0/\tan\beta = 148.69$ m。计算如下：

$$W_{1\max} = q \cdot M = 4\ 500 \text{ mm}$$

$$U_{1\max} = b \cdot W_{1\max} = 990 \text{ mm}$$

$$i_{1\max} = \frac{W_{1\max}}{r} = 30.26 \text{ mm/m}$$

$$K_{1\max} = \pm 1.52 \frac{W_{1\max}}{r^2} = \pm 0.3 \text{ mm/m}$$

$$\varepsilon_{1\max} = \pm 1.52 b \frac{W_{1\max}}{r} = \pm 10.12 \text{ mm/m}$$

将以上计算各值分别代入公式(2-40)~(2-44),经计算可得:$W_{1(x)} = 4\,900$ mm、$U_{1(x)} = 1\,078$ mm、$i_{1(x)} = 32.95$ mm/m、$K_{1(x)} = \pm 2.08$ mm/m、$\varepsilon_{1(x)} = \pm 45.53$ mm/m。

根据上述计算分析可知:山区地表倾斜对地表移动影响较大,其次是水平变形。山区地表的变形移动不同于平原地区,山区应在开采引起的地表移动变形的条件下,进一步考虑山地的地表倾斜和水平变形的影响,才能使预计值更加接近实际观测值。

2.2 观测工作面条件与地表测站布置及观测方法

2.2.1 观测工作面煤层地质条件及与高压线路走向关系

(1) 焦煤矿 8503 工作面煤层开采地质条件

8503 工作面位于焦煤矿五采区,工作面长 150 m,推进长度 1 060 m,工作面按照走向布置,煤层倾角平均为 4°,煤层开采地质条件较简单,没有断层、陷落柱地质构造,采用放顶煤开采方法进行开采,部分薄煤层处不放顶,一次采全高,采用全部垮落法管理顶板。工作面上方地表为山区黄土,覆盖厚度不大,地面沟壑较多。8503 工作面上方地形为中部高、两边低,落差较大,能达到 60 m 左右,即煤层上覆岩层的厚度变化大。

8503 工作面开采的 4# 煤层作为焦煤矿主要可采煤层之一。4# 煤层位于 K_3 砂岩之下约 8 m 处,煤层厚度为 6.45~15.03 m,平均厚度为 9.33 m,煤层由多个煤分层组成,中间含有 6%~14% 的夹矸,平均为 11.54%。其中矸石岩性一般为高岭岩、高岭质泥岩、砂质泥岩和炭质泥岩。煤层结构复杂,厚度大,顶底板岩性一般为高岭质泥岩、砂质泥岩与炭质泥岩,个别为粉细砂岩,煤层在工作面中部厚度稳定,厚度为 8~9 m,变化较小,全区可采,属于稳定煤层。

8503 工作面顶底板情况如下:

伪顶:岩性为泥岩,整个采区出现比较少,厚度也很小。

直接顶:直接顶为直接覆盖于煤层之上的岩石,厚度为 1.05~10.17 m,一般在 3~6 m 之间,平均厚度为 4.8 m,岩性复杂,为泥岩、炭质泥岩、煤或炭质泥岩、砂质泥岩、高岭质泥岩及薄层互层,岩性强度较低,稳定性较差。

基本顶:位于直接顶之上。岩性以细粒砂岩为主,中粒砂岩、砂砾岩次之,基本顶为厚层、巨厚层状,岩石胶结致密、坚硬,属稳定顶板。

底板:直接底基本不存在,一般煤层直接与基本底接触。直接底岩性为高岭质泥岩,厚度为 0.82 m;基本底岩性以细砂岩、砂质泥岩为主,次为中砂岩、粗砂岩,厚度为 1.42～55.87 m,平均厚度为 29.60 m。

(2) 8503 工作面与高压线路位置关系

焦煤矿地面高压线路和 8503 工作面位置关系,如图 2-1 所示。从井上下对照图可以看出,高压供电线路斜穿过 8503 工作面,线路与工作面之间成 30°夹角。邻近工作面的高压铁塔有两个,333$^{\#}$ 和 334$^{\#}$,其中 333$^{\#}$ 高压铁塔位于 8503 工作面内,靠近 8503 工作面轨道平巷。高压铁塔 334$^{\#}$ 位于 8503 工作面外的下一个工作面内,邻近 8503 工作面运输平巷,并且距 305 盘区 4$^{\#}$ 煤回风巷大约 50.0 m。由于高压供电铁塔邻近 8503 工作面,8503 工作面开采引起的地表变形移动,必然会影响 333$^{\#}$、334$^{\#}$ 高压供电铁塔的安全,甚至整个供电线路的正常运行。

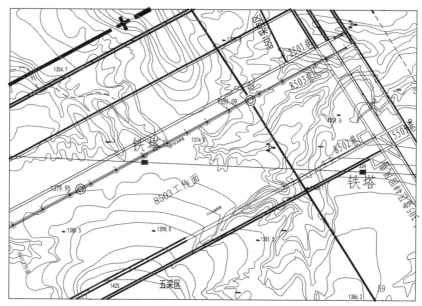

图 2-1　8503 工作面与高压铁塔走向关系对照图

2.2.2　观测方法

焦煤矿井田位于大同煤田中东部边缘,为倾向北西的单面山地形,靠近口泉山脉处的地形陡峻。整体来看,8503 工作面地表呈现中间高,两边低,沟谷发育,地表起伏大。在观测时,由于部分观测点间无法进行通视,进行观测时光学测量仪器完成测量比较困难。本次观测在通视条件好的区域选用尼康 DTM 352 全站仪,通视不理想区域采用美国生产的 GPS(Locus)进行观测。

(1) 仪器简介

GPS 测量是通过接收卫星发射的信号并进行数据处理,从而求出测量点的空间位置,它具有全能性、全球性、全天候、连续性和实时性的精密三维导航与定位功能,而且具有良好的抗干扰性和保密性,在通视性不好的区域观测有很大优势,但精度不如传统的光学仪器,采用 GPS 观测技术测设方格网,比常规方法适应性更强,GPS 方格网点位精度高、误差分布均匀,不但能够满足规范要求,而且具有较大的精度储备。

根据美国生产的 GPS(Locus)介绍,其电源在常温下可以连续工作 16 h 以上,工作温度范围为 $-20 \sim +65$ ℃,存放温度范围为 $-40 \sim +85$ ℃,由焦煤矿常年温度变化记录,选择的 GPS 满足地表观测要求。观测仪在工作时需要连续锁定 5 个或者 5 个以上的卫星,采集 $2 \sim 5$ 个历元数据,观测的静态测量精度能达到:水平 5 mm+1 ppm,垂直 10 mm+2 ppm;准动态测量精度能达到:水平 12 mm+2.5 ppm,垂直 15 mm+2.5 ppm。

在进行观测时,至少需要两台 GPS,其中一台作基准站,剩下的一台或几台作为流动站,按照测点布置方向进行观测,每天观测结束后,将 GPS 接收到的数据导入计算机,通过计算同步观测点之间的基线向量进行基线解算,获得观测结果。

全站仪作为一种集光、机、电为一体的新型测角仪器,其将经纬仪光学度盘换为光电扫描度盘,将人工光学测微读数代之以自动记录和显示读数,使测量和记录数据操作简单化,且可避免人工读数造成的误差。电子经纬仪与光学经纬仪相比,具有较高的自动化功能,其主要表现为测量数据自动化存储、计算以及数据通信功能,大大提高了测量效率。全站仪在度盘读数及显示系统方面精度更高。

采用全站仪进行观测时,需要根据已知点建站,将已知点数据和相关参数输入全站仪,调用内部坐标测量和施工放样程序,进行坐标测量。进行测量时,全站仪受地表地形影响程度较小,但在山区,相邻测点之间不能通视时,需要增加中间测点,因此山区无法通视时全站仪会受到限制。观测仪器如图 2-2 所示。

图 2-2　地表沉陷观测仪器

（2）观测方式

在现场观测时，首先采用 GPS 从矿井已知的永久点处导出两个存在一定距离的坐标点到需要实测的观测点上，将导出的坐标点作为本次实测的已知点。以已知点坐标为起点，沿着观测线依次观测，在通视性好的区域用全站仪观测，在两点距离较远或无法通视的区域，采用 GPS 进行观测。最后观测数据需要进行解算校正。

2.2.3 地表测站布设

本观测站共布设 A、B 二条观测线（见图 2-3），其中 A 线为走向观测线，该线通过 8503 工作面停采线上方，沿采区中心工作面推进方向直线延伸，全长约 1 200 m，共有 31 个观测点。B 线为倾向观测线。B 线位于高压电线铁塔 333# 与走向方向相垂直的方向，全长约 350 m，共有 13 个观测点。另外在 333# 铁塔基础四周设置 4 个观测点（其中 1 个为倾向线观测点）。以上两条观测线及铁塔四周共设 48 个观测点。

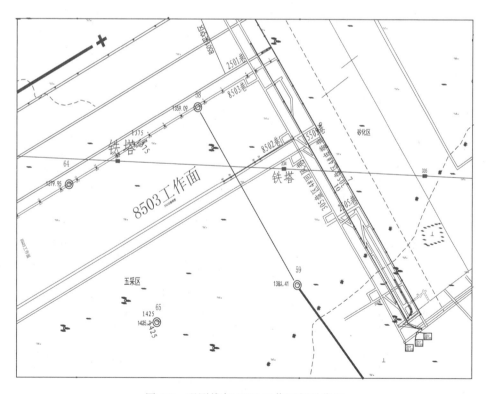

图 2-3 观测线与 8503 工作面相对位置

2.3 4#煤开采沉陷规律分析及关键技术参数确定

2.3.1 8503 工作面开采地表移动实测数据

焦煤矿 4#煤 8503 工作面地表移动变形观测站建立后,进行了多次观测,为地表的开采沉陷规律分析提供了数据,见表 2-2～2-4。

表 2-2　　　　　　　　　　走向观测线移动与变形值

点号	下沉 /mm	水平移动 /mm	倾斜 /(mm/m)	曲率 /(10⁻³/m)	水平变形 /(mm/m)
Z001	1	0	0.0	0.00	0.00
Z002	4	0	0.2	−0.00	0.01
Z003	1	−0	−0.0	0.00	−0.01
Z004	3	6	0.2	0.00	0.45
Z005	5	5	0.2	−0.01	−0.05
Z006	3	−4	−0.1	0.01	−0.34
Z007	5	4	0.1	−0.00	0.37
Z008	5	6	0.0	−0.00	0.06
Z009	3	4	−0.1	0.00	−0.07
Z010	0	6	−0.0	0.00	0.01
Z011	3	4	0.1	−0.00	−0.09
Z012	4	4	0.0	−0.00	0.01
Z013	5	6	0.0	−0.00	0.05
Z014	4	8	−0.0	0.00	0.10
Z015	4	5	−0.0	−0.00	−0.14
Z016	2	4	−0.1	0.00	−0.03
Z017	11	130	0.1	0.00	1.32
Z018	16	113	0.1	0.00	−0.47
Z019	21	98	0.2	−0.00	−0.48
Z020	22	92	0.0	0.01	−0.19

点号	下沉 /mm	水平移动 /mm	倾斜 /(mm/m)	曲率 /(10^{-3}/m)	水平变形 /(mm/m)
Z021	29	101	0.2	0.00	0.32
Z022	39	141	0.3	0.01	1.12
Z023	89	73	0.9	−0.02	−1.21
Z024	72	101	−0.4	0.02	0.62
Z025	121	64	0.7	0.00	−0.55
Z026	163	58	1.0	−0.02	−0.14
Z027	172	121	0.2	0.18	1.61
Z028	280	76	5.4	0.11	−2.25
Z029	480	127	7.9	0.29	2.00
Z030	971	204	16.0	−0.24	2.50
Z031	1 224	63	9.1	0.00	−5.05

表 2-3　　　　　　　　　　　倾向观测线移动与变形值

点号	下沉 /mm	水平移动 /mm	倾斜 /(mm/m)	曲率 /(10^{-3}/m)	水平变形 /(mm/m)
Q001	1 621	−293	0.0	0.00	0.00
Q002	1 952	−647	6.5	−0.55	−6.98
Q003	1 654	−809	−13.6	−0.13	−7.39
Q004	1 345	−824	−16.3	0.08	−0.77
Q005	982	−789	−14.5	0.19	1.38
Q006	732	−668	−9.6	0.27	4.66
Q007	661	−485	−2.9	−0.31	7.40
Q008	360	−350	−10.9	0.17	4.92
Q009	192	−7	−6.2	0.37	12.71
Q010	219	−141	1.7	−0.22	−8.34
Q011	158	−148	−2.6	−0.01	−0.31
Q012	39	36	−3.1	0.19	4.74
Q013	130	28	3.2	0.00	−0.26

表 2-4 　　　　　　　　　**高压线铁塔观测点移动与变形值**

点号	下沉 /mm	水平移动 /mm	倾斜 /(mm/m)	曲率 /(10^{-3}/m)	水平变形 /(mm/m)
D001	1 836	−326	0.0	0.00	0.00
D002	1 680	−217	−13.9	1.72	9.70
D003	1 751	261	6.0	−1.49	40.38
Q001	1 621	300	−11.4	2.72	3.49
D001	1 836	−327	19.3	−0.01	−56.36

2.3.2　地表移动与变形分析

（1）地表移动与变形最大值

根据各观测线各次观测计算的移动与变形值分析，稳定后的地表移动与变形最大值一般也是整个移动过程的最大值。

（2）最大下沉值分析

从表 2-2～表 2-4 可知，本观测站按求得的最大下沉值为 1 952 mm，根据 8503 工作面采掘工程平面图得到的采厚 $M=8.76$ m，煤层倾角平均为 $\alpha=4.27°$，平均采深 $H_0=287.76$ m，工作面走向长度 $S=854$ m，倾向长度 $L=160$ m，参照《建筑物、水体、铁路及主要井巷煤柱留设与压煤开采规程》计算最大下沉值方法：

$$W_{\max} = mq\cos\alpha\sqrt{n_1 n_2}$$

式中，n_1、n_2 为沿倾向和走向的采动程度系数。

各观测线稳定后的地表移动与变形最大实测值及其位置见表 2-5。

表 2-5 　　　　　　　　　**地表移动与变形最大实测值**

观测线	最大下沉 $W'_{\max}$ /mm	位置	最大水平移动 $U'_{\max}$ /mm	位置	最大倾斜 $T'_{\max}$ /(mm/m)	位置	最大曲率 $K'_{\max}$ /(10^{-3}/m)	位置	最大水平变形 $E'_{\max}$ /(mm/m)	位置
走向线	1 224	Z031	141 204	Z022 Z030	0.9 16.0	Z023 Z030	−0.02 +0.02 +0.29	Z023 Z024 Z030	+1.32 −2.25 +2.50 −5.05	Z017 Z028 Z030 Z031

观测线	最大下沉		最大水平移动		最大倾斜		最大曲率		最大水平变形	
	W'_{max} /mm	位置	U'_{max} /mm	位置	T'_{max} /(mm/m)	位置	K'_{max} /(10^{-3}/m)	位置	E'_{max} /(mm/m)	位置
归算后 走向线	2 446	Z031	135 118	Z022 Z030	1.8 32.8	Z023 Z030	0.58	Z029	1.30 -1.25 1.32 -5.68	Z017 Z027 Z029 Z031
倾向线	1 952	Q002	-824	Q004	-16.3	Q004	-0.55 +0.37	Q002 Q009	-7.39 12.71	Q003 Q009
归算后 倾向线	3 828	Q002	-1 006	Q004	-45.3	Q004	-1.65 1.13	Q002 Q009	-12.87 +17.64	Q003 Q009
高压铁塔 观测点	1 836	D001	-326	D004	-13.9 +19.3	D001 ～D002 Q001 ～D001	—	—	+40.38 -56.36	D002 ～D003 Q001 ～D001

$$n_1 = K_1 \frac{D_1}{H_0} \quad n_2 = K_2 \frac{D_2}{H_0}$$

式中,K_1、K_2 为系数,一般取 0.8。

n_1、n_2 在计算时,若其值大于 1,则取 1。由此计算的 8503 工作面开采的走向和倾向的采动程度 n_1 和 n_2 为:

$$n_1 = \sqrt{0.8 \frac{S}{H_0}} \approx 1.54 > 1.0,\text{取 } n_1 = 1.0$$

$$n_2 = \sqrt{0.8 \frac{L}{H_0}} \approx 0.666\ 944\ 6$$

则按实测倾向最大下沉值计算相应的下沉系数为:

$$q = \frac{W_{max}}{n_1 \cdot n_2 \cdot M \cdot \cos \alpha} = \frac{1\ 952}{1.0 \times 0.666\ 944\ 6 \times 8\ 760 \times \cos 4.27°} \approx 0.34$$

按归算后的走向最大下沉值计算相应的下沉系数为:

$$q = \frac{W_{max}}{n_1 \cdot n_2 \cdot M \cdot \cos \alpha} = \frac{2\ 446}{1.0 \times 0.666\ 944\ 6 \times 8\ 760 \times \cos 4.27°} \approx 0.42$$

按归算后的倾向最大下沉值计算相应的下沉系数为:

$$q = \frac{W_{max}}{n_1 \cdot n_2 \cdot M \cdot \cos \alpha} = \frac{3\ 828}{1.0 \times 0.666\ 944\ 6 \times 8\ 760 \times \cos 4.27°} \approx 0.66$$

根据采深和开采范围及上述采动程度计算分析,8503 工作面在走向方向达到充分开采,倾向方向未达到充分开采。

根据山区地表移动影响原理,山区的下沉是开采影响与滑移影响的叠加。其中开采影响与水平或近水平地表相似,而滑移影响则与地貌及表土层滑移特性有关。位于凸形地貌的滑移下沉增大,而位于凹形地貌的滑移下沉为负值,即滑移产生上升。根据本观测站实测资料分析,采动引起相当于水平地表的下沉系数 $q=0.54$,故开采引起的最大下沉值 W_{max} 应为:

$$W_{max} = mq\cos\alpha \tag{2-45}$$

式中,m 为开采厚度;α 为煤层倾角。

以 $m=8\,760$ mm,$\alpha=4.27°$ 代入上式可得 $W_{max}=4\,717$ mm,这就是类似地质采矿条件下水平地表的最大下沉值。由于走向实际开采长度比观测线布置设计时的走向开采长度小 200 多米,使得 Z031、Q004 等观测点并未在最大下沉值的范围内,因而观测站观测到的最大下沉值小于 4 717 mm。一般情况下,山区地表移动最大值不一定在移动盆地中心,而往往是发生在移动盆地中心附近的凸形地貌变坡点上。

(3)最大水平移动分析

在水平地表近水平煤层充分开采条件下,地表最大水平移动一般位于下沉曲线的拐点位置,该点的下沉值约为最大下沉值的一半,最大水平移动值一般为最大下沉值的 20% 至 40%。水平地表的最大下沉点一般位于采区中央或充分采动区,最大下沉点的水平移动应趋近于零。本观测站走向线的最大水平移动点为 Z030,且其水平移动值为 204 mm,相当于其下沉值 971 mm 的 21%,倾向线的最大水平移动点为 Q004,但其水平移动值 824 mm 约为其下沉值 1 345 mm 的 61%。这两条观测线的水平移动规律显然与水平地表不同,最大水平移动都不在靠近工作面开采边界的下沉曲线拐点上。如按类似地质采矿条件的水平地表估算,本观测区的水平移动系数 $b=0.26$,因而最大水平移动 U_{max} 为:

$$U_{max} = b \cdot W_{max} \tag{2-46}$$

将 b 和 W_{max} 代入上式可得 $U_{max}=1\,226$ mm,由此可知,山区最大水平移动不一定在采区边界的下沉曲线拐点上,而往往发生在其附近坡度较大的凸形变坡点上。

(4)最大倾斜与曲率变形分析

观测站观测线求得的最大倾斜变形都在开采边界内侧,与水平地表最大倾斜分布规律基本相似,可见山区倾斜变形受采动滑移的影响较小。取与以上相同的预计参数,由于煤层倾角很小,可采用工作面的平均采深计算出主要影响半径 r_0:

$$r_0 = H_0/\tan \beta = 287.76 \text{ m}/2.0 \approx 144 \text{ m}$$

式中，$\tan \beta$ 为主要影响角正切，本观测站为 $\tan \beta = 2.0$。

按概率积分法充分采动最大倾斜计算公式计算得本观测站应相当于水平地表的最大倾斜预计近似值如下：

$$T = \frac{W_{\max}}{r_0} = \frac{4\ 717 \text{ mm}}{144 \text{ m}} = 32.76 \text{ mm/m} \qquad (2\text{-}47)$$

按观测站观测资料则计算出最大倾斜值为：

$$走向：T = \frac{W_{\max}}{r_0} = \frac{1\ 224 \text{ mm}}{144 \text{ m}} = 8.5 \text{ mm/m} \qquad (2\text{-}48)$$

$$倾向：T = \frac{W_{\max}}{r_0} = \frac{1\ 952 \text{ mm}}{144 \text{ m}} = 13.6 \text{ mm/m} \qquad (2\text{-}49)$$

按归算后的观测资料，则计算出最大倾斜值为：

$$走向：T = \frac{W_{\max}}{r_0} = \frac{2\ 446 \text{ mm}}{144 \text{ m}} = 16.99 \text{ mm/m} \qquad (2\text{-}50)$$

$$倾向：T = \frac{W_{\max}}{r_0} = \frac{3\ 828 \text{ mm}}{144 \text{ m}} = 26.58 \text{ mm/m} \qquad (2\text{-}51)$$

与相应的观测值比较可知，走向和倾向线的最大倾斜值与上述计算值比较接近。

观测站走向观测线的正曲率最大值都位于工作面内，如 Z023 靠近拐点外侧，而 Z030 则几乎靠近采区中央，这显然与水平地表正曲率最大值的位置相差甚远，显然是受山区地形特性的影响。而倾向线的曲率最大值（Q002、Q009 点）分布与水平地表最大值位置相比也有较大的差距，这显然也是受山区地形特性的影响。按上述相同参数和概率积分法充分开采最大曲率计算公式可得本观测站相应于水平地表的最大曲率近似值如下：

$$\pm K_{\max} = \pm 1.52 \frac{W_{\max}}{r_0^2} = \pm 1.52 \times \frac{4\ 717 \text{ mm}}{(144 \text{ m})^2} = \pm 0.346 \times 10^{-3}/\text{m}$$

$$(2\text{-}52)$$

与实测值相比较可知，实测走向线和倾向线的曲率绝对最大值是水平地表曲率最大值的 0.84 倍和 1.59 倍。

（5）最大水平变形分析

观测站走向、倾向观测线所求得的最大拉伸变形值都位于采区边界外侧，与水平地表最大拉伸变形的位置近似；两条观测线的压缩变形最大值亦靠近充分采动区或采区中心，故亦基本符合水平地表的水平变形分布规律。按照前面相同的参数和概率积分法预计公式，可以算出相对于水平地表的最大水平变形预计近似值：

$$\pm E_{\max} = \pm 1.52b\frac{W_{\max}}{r_A} = \pm 1.52 \times 0.26 \times \frac{4\,717\text{ mm}}{144\text{ m}}$$

$$= \pm 12.95\text{ mm/m} \tag{2-53}$$

与实测值相比,倾向线的实测水平变形值都相当于相应水平地表最大水平变形预计值,走向线实测值较小的原因,主要是沿走向开采长度没有达到观测布设时原计划的开采长度。

2.3.3　开采沉陷关键技术参数确定

地表移动变形角值参数能有效反映煤矿的地下开采对地表移动影响范围、大小以及程度。地表移动变形角值参数与很多的因素有关,如地形地貌、开采方法、煤层厚度、岩石的力学性质、煤层的赋存和开采地质条件。根据 8503 工作面观测站地表移动变形实测数据,能确定出走向边界角、走向移动角、最大下沉角等关键参数。

(1) 开采影响边界角

走向、上山和下山方向分别以 δ_0、γ_0 和 β_0 表示。

综合分析观测站走向线的 10 mm 下沉值点位于 Z022～Z023 之间,距停采线 $L \approx 162.95$ m,停采线侧煤层底板的平均高程为 1 072.0 m,10 mm 下沉值点对应的地表高程值为 1 336.2 m,由此计算得其采深 $H = 264.2$ m,则计算的走向边界角为:

$$\delta_0 = \tan^{-1}\frac{H}{L} \approx 58°$$

倾向线的下沉 10 mm 的点经分析计算得:$L = 172.5$,$H = 342.1$,由此求得的上山边界角分别为:

$$\gamma_0 = 63°$$

综上所述,本观测站按下沉 10 mm 确定的移动边界角分别为:走向 $\delta_0 = 58°$,倾向上山 $\gamma_0 = 63°$。

(2) 移动角

移动角按规定的临界变形值 $i = 3$ mm/m,$K = 0.2 \times 10^{-3}$/m 和 $\varepsilon = 2$ mm/m 确定。按临界变形点与开采边界连线求得的移动角分别为:走向 $\delta = 66°$,倾向上山 $\gamma = 71°$。

(3) 充分采动角

根据观测站走向线和倾向线的下沉曲线形态与地表地形的分析,本观测站地质采矿条件下达到充分开采的充分采动角大致如下:走向 $\psi_3 = 62°$,上山 $\psi_2 = 62°$,下山 $\psi_1 = 65°$。

（4）最大下沉角

观测站按倾向观测线求得的最大下沉角 $\theta = 87°$，因本观测站的煤层倾角为 4.27°，故最大下沉角 θ 与煤层倾角的关系大致为：

$$\theta = 90° - 0.75\alpha$$

综合上述各项得观测站的地表移动与破坏角量参数见表 2-6。

表 2-6　　　　　　　　　　　　　　地表移动角参数

名称	走向	下山	上山
移动边界角	$\delta_0 = 58°$		$\gamma_0 = 63°$
滑移边界角	48°～50°		
移动角	$\delta = 66°$		$\gamma = 71°$
充分采动角	$\psi_3 = 62°$	$\psi_1 = 65°$	$\psi_2 = 62°$
最大下沉角	$\theta = 90° - 0.75\alpha$		

2.4　开采沉陷对高压铁塔的影响评价

2.4.1　开采引起地表变形移动对高压铁塔的影响分析

地下煤炭资源开采，引起岩层移动变形传至地表，造成地表移动变形。地表的移动变形会直接影响地面建筑物的安全使用。本书针对研究多煤层开采地表移动变形对地面高压供电线路的影响，高压铁塔属于钢构结构的高耸构筑物，不同于一般的房屋建筑。而对于整个供电线路，存在高压线和高压供电铁塔之间的相互制约关系。所以，为了分析地表移动变形对高压供电线路的影响，需要充分认识高压供电线路的特点。

（1）高压供电线路的特点

高压供电线路是由地面供电高压铁塔和高压线组合而成的一种刚柔并济的复杂构筑物，整体属于线型连续结构。其中对线路来讲，属于柔性建筑物，而地面高压铁塔属于钢构结构。高压供电铁塔不同于一般的单一高耸建（构）筑物，高压铁塔属于底座小，以基础支撑的高大建筑物，且本身受到的约束也与一般高耸建筑不同。它不仅受塔顶线路的约束，还受到来自地下基础的制约。对于高压铁塔刚性材质的特点，能承受一定的地表移动变形。焦煤矿实测现场高压线路图，如图 2-4 所示。

（2）开采沉陷对地表高压供电铁塔的影响

图 2-4 高压铁塔现场实际情况

地面高压供电铁塔发生变形、倾斜,甚至出现高压线的张紧、崩断,影响整个供电线路正常运行的主要原因是:地下开采引起地表变形移动导致的高压供电铁塔基础的移动变形。由图 2-4 可知,高压铁塔以四个独立基础为支撑,即四个基础的移动变形直接影响高压铁塔的移动变形,进而改变了高压铁塔间档距、高压线近地距离、悬垂度等高压线路正常运行参数,当其中的参数超出电力部门规定的高压线路正常工况范围时,会影响线路的正常运行,严重时会造成整个线路破坏。结合高压供电线路的特点,通过铁塔基础的移动变形参数(地表下沉、倾斜、水平移动、曲率等)分析地表移动变形对高压供电铁塔的影响。

2.4.2 4# 煤开采沉陷对高压铁塔影响程度及评价

为了监测高压线铁塔的移动变形情况,在高压线铁塔的基础周围布设了四个观测点(见图 2-5),其观测值见表 2-4。从观测值来看,D001 点的下沉值为 1 836 mm,沿 D002—D001 方向的水平移动为 326 mm;D002 点的下沉值为 1 680 mm,沿 D003—D002 方向的水平移动为 217 mm;D003 点的下沉值为 1 751 mm,沿 D002—D003 方向的水平移动为 261 mm;Q001 点的下沉值为 1 621 mm,沿 D003—Q001 方向的水平移动为 300 mm。D001—D002 段的倾斜值为 -13.9 mm/m,水平变形 9.70 mm/m,属拉伸变形;D002—D003 段的倾斜值为 6.0 mm/m,水平变形 40.38 mm/m,属拉伸变形;D003—Q001 段的倾斜值为 -11.4 mm/m,水平变形 3.49 mm/m,属拉伸变形;Q001—D001 段的倾斜值为 19.3 mm/m,水平变形 -56.36 mm/m,属压缩变形。由此可以看出,高压电线铁塔整体下沉达到了 1 680 mm 以上,最大拉伸变形达到了 40.38 mm/m,最大倾斜 19.3 mm/m。均已超过了四级破坏程度,因而要注意高压电线铁塔的安全。

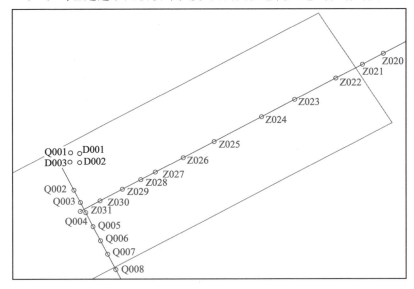

图 2-5　高压电线铁塔观测点布设图

2.5　本章小结

(1) 利用概率积分法对焦煤矿地表变形进行了预测,得出在 8503 工作面开采后山区地表最大下沉值为 4 900 mm,水平最大位移值为 1 078 mm,地表最大倾斜值为 32.95 mm/m,地表最大曲率变形值为 ±2.08 mm/m,地表最大水平变形值为 ±45.5 mm/m。

(2) 通过现场实测,得到 4# 煤层开采在走向观测线上,引起地表最大下沉值为 1 224 mm,最大倾斜值 16.0 mm/m,最大曲率为 0.29×10⁻³/m,最大水平移动值 204 mm,最大水平变形值 5.05 mm/m;在倾向观测线上,地表最大下沉值 1 952 mm,最大倾斜值 16.3 mm/m,最大曲率为 0.55 ×10⁻³/m,最大水平移动值 824 mm,最大水平变形值 12.71 mm/m。计算得到地表移动角度参数,开采影响边界角:走向 58°,倾斜 63°,移动角:走向 66°,倾斜 71°;充分采动角值:走向 62°,上山 62°,下山 65°,最大下沉角值为 87°。

(3) 通过开采引起地表变形移动对高压铁塔的影响分析,高压电线铁塔整体下沉达到了 1 680 mm 以上,最大拉伸变形达到了 40.38 mm/m,最大倾斜 19.3 mm/m,均已超过了四级破坏程度,因而要注意高压电线铁塔的安全。

第3章 地表高压供电铁塔的损坏特征及开采沉陷的关系研究

3.1 地下开采对地面铁塔的危害分析

地下开采引起地表移动变形,影响着地面高压供电铁塔的正常运行。当地表移动变形较大时,供电线路的一些参数可能超过供电部门规定的范围,影响线路安全运行,严重时甚至导致整个线路发生瘫痪,对供电线路造成损坏。因此,需要通过地表移动变形的参数分析地下开采对地面高压供电铁塔的影响,以下主要分析地表下沉、倾斜、水平移动、水平变形、曲率对高压供电铁塔的影响。

3.1.1 地表下沉对供电铁塔的影响

地下开采导致地表下沉,引起高压供电铁塔基础随地表下沉,实测表明,基础下沉情况和地表下沉基本一致。根据建筑物本身的结构特征,下沉可分为均匀下沉和不均匀下沉。当高压铁塔四个独立基础随着地面缓慢、均匀沉降时,高压铁塔和土体之间的附加相互作用力不大,铁塔几乎不受影响。但如果沉降量较大时,高压铁塔本身不受影响,但高压铁塔沉降后会导致两铁塔间高压线的近地距离、悬挂点张紧及悬垂度发生变化。当超过规定值时,高压供电线路也会发生损坏。

高压供电铁塔的四个分列式基础极易受到地表不均匀沉降影响。随工作面推进,当高压铁塔处于开采沉陷盆地中间,铁塔基础成对沉降量相同,高压铁塔偏向开采一侧,高压线近地距离、悬垂度等发生改变。高压铁塔处于下沉盆地边缘时,由于分列基础间存在一定距离,四个基础下沉量会出现不一致,铁塔向下沉量大的一侧滑移。铁塔基础的不均匀沉降会引起铁塔内部形成附加应力作用,如果应力值超过铁塔本身的极限应力值,会导致铁塔内部结构失稳变形。根据电力系统的规定,根开在 $4 \sim 7$ m 之间的供电铁塔基础发生不均匀沉降,沉降量处在 $12.7 \sim 25.4$ mm 范围才能保证铁塔的稳定性。因此,地表的不均匀沉降对分列式基础高压铁塔的影响较大。

3.1.2　地表倾斜对供电铁塔的影响

地表倾斜是由不均匀沉降引起的。由于高压供电铁塔底座小且高度又很大，当地表发生很小的倾斜时，高压铁塔可能会由自身重力产生很大的弯矩，重心发生偏移失稳。高压铁塔对地表倾斜及变形极敏感。地表倾斜直接影响着高压铁塔的分列基础，各独立基础产生倾斜变形引起高压铁塔的横担发生变形、悬垂串倾斜，导致相邻铁塔间档距变化、高压线拉紧或悬垂，无论相邻铁塔间的档距增大或减小，都严重影响着高压供电线路的安全运行。地表移动是通过供电铁塔的各独立基础、铁塔底部间的相互作用后传递到供电铁塔的。随着工作面推进，供电铁塔向地表开采沉陷区方向倾斜会引起倾覆力矩的增加使相邻高压铁塔间的档距、高差等发生变化，从而使其产生导线悬垂度超过限度、横担严重变形、高压铁塔自身形变等多方面的影响。倾斜对高耸构筑物的影响示意图见图 3-1。

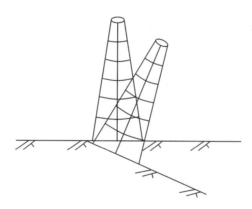

图 3-1　倾斜对高耸构筑物的影响

3.1.3　地表水平移动对供电铁塔的影响

地表的水平位移会使铁基础随着水平移动。地表水平移动时，在地基和铁塔基础之间产生应力，当应力值小于基础和地基的摩擦力时，不会发生滑移，而是应力通过铁塔的基础向塔身传递。当应力值较大时，发生滑动，各独立基础的水平移动值不同，造成铁塔下部产生应力作用，铁塔基础根开变化，产生附加作用力，使铁塔变形。两相邻铁塔间的水平移动值不相同，还会导致两相邻铁塔间档距的变化，档距改变会使两塔上部产生不平衡力，铁塔易发生倾斜。水平位移方向的不同会使塔身及铁塔上部横担受到扭力矩的影响，造成铁塔的横担变形甚至转角超限。

3.1.4 地表水平变形对供电铁塔的影响

地表变形是由于地表的变化不均匀产生的,变形包括拉伸变形和压缩变形。对于建筑物而言,其抗压缩变形的能力大于拉伸变形。一般地表和建筑物裂缝,是由水平拉伸变形作用产生的。压缩变形使建筑物发生向内挤压破坏。水平变形对建筑物的影响与多种因素有关,如建筑物的形状、大小、结构、使用材料性质等。地表变形对长度较大的建筑物影响较大,建筑物对拉伸变形较敏感。

地表水平变形使铁塔各基础受到附加应力的作用,使塔基受到拉伸和压缩变形。由于塔基的抗拉能力远小于其抗压能力,铁塔基础在受到地表水平变形的作用,产生压缩变形,当超过铁塔基础抗压强度时,基础产生向内的挤压破坏。而地表拉伸变形对铁塔基础的破坏作用很大,即使存在很小的拉伸,也可能导致铁塔基础发生形变或裂缝。地表水平变形还可能通过铁塔基础间的作用向上传递至塔身,使铁塔内部受到力的作用,发生变形。

3.1.5 地表曲率对供电铁塔塔基的影响

地表曲率是由于地表倾斜产生的,曲率用来表示地表倾斜变形程度。由于倾斜方向不同,曲率变形有正有负,一般向上凸的地表变形为正曲率,向下凹的为负曲率。曲率变形,使地表原本的平面变为了曲面。地表建筑物受到地表曲率的影响,建筑物基础受到地表的附加应力作用,应力值较大时会使建筑物产生变形。根据建筑物的结构、基础、面积大小不同,地表曲率对其影响也不同。地表曲率的影响将使塔基受到附加剪应力以及弯矩的作用,由于高压铁塔底面积小、高度大,地表和高压铁塔基础的接触面积小,曲率对基础的影响程度不大。由于高压供电铁塔是钢构结构,有一定的抵抗移动变形的能力,与地表变形相比,曲率变形相对较小。

通过以上多种因素分析可以看出,地表不均匀下沉和倾斜对高压供电铁塔影响较大,均匀下沉对塔身几乎没有影响,主要是改变高压线的悬垂度、近地距离等。由于高压供电铁塔和地表所接触的面积比较小,塔身的刚性结构、曲率变形对其影响不大。很小的拉伸变形都可能使铁塔地基产生裂缝,其对拉伸变形较敏感。因此,地表不均匀下沉、水平拉伸变形和倾斜是影响高压线路正常运行的主要因素。地表下沉、水平移动和倾斜变形通过地基与高压供电铁塔底部的相互作用改变了原高压铁塔所处的空间位置,从而导致相邻两塔间距离、悬垂、近地距离等参数超过电力系统高压线路安全运行标准,具体过程见图 3-2。

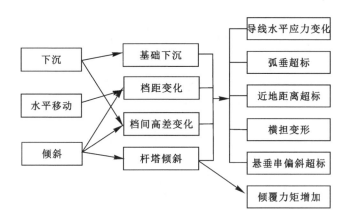

图 3-2　地表移动对高压供电线路的影响过程

3.2　山区开采沉陷引起高压供电铁塔破坏的力学模型及安全准则研究

对于焦煤矿多煤层开采而言,因高压供电铁塔下的压煤资源储量较多,因此需要分析多煤层工作面开采时引起地表沉陷对供电线路运行以及可能损坏(线路拉断、倒杆、杆体折断等)的影响判别准则,从而为高效采出煤炭资源及地表供电线路的安全运行奠定理论决策基础。

3.2.1　开采沉陷引起供电铁塔变形的数学力学模型

3.2.1.1　假设、模型及基本几何参数

如上所述,对高压供电线路与铁塔的安全运行,主要受地表下沉、水平移动以及倾向的影响,为此主要讨论开采过程中这三个因素的影响规律。在工作面开采前,预测供电铁塔的变形情况和计算出导线在绷紧处和拉断处的临界值,是非常有必要的。

依据地表高压供电线路与铁塔的实际情况,建立数学力学模型前,需要做如下假设:

(1) 高压铁塔简化为直线钢杆,本身不变形,其变形与地表开采沉陷引起的位移一致(随动关系),高度为 h。

(2) 假设未变形前其地面坐标为 $A(x_1, y_1, z_1)$、$B(x_2, y_2, z_2)$,供电铁塔顶端坐标为 $A'(x_1, y_1, z_1+h)$、$B'(x_2, y_2, z_2+h)$;已知开采引起地表移动后该两点的沉陷变形为 (u_{1x}, u_{1y}, w_{1z}) 和 (u_{2x}, u_{2y}, w_{2z}),则沉陷后地面两点的坐标分别

变为 $A''_1(x_1+u_{1x}, y_1+u_{1y}, z_1+w_{1z})$、$B''_2(x_2+u_{2x}, y_2+u_{2y}, z_2+w_{2z})$。$A$、$B$ 两个铁塔顶端点之间的最终变形情况即是在上述情况的自动协调的综合反映。令工作面开采推进的反方向为 x 轴,平行工作面长度方向为 y 轴,oxy 为水平面,垂直水平面向上方向为 z 轴,建立如图 3-3 空间坐标系所示的开采沉陷引起地表供电铁塔协动的数学模型,应是合理的。

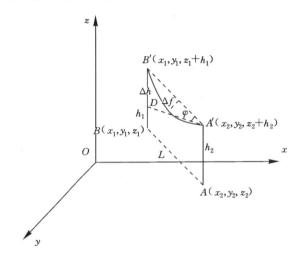

图 3-3　地面供电线路的协动数学模型

（3）假设开采引起地表移动变形条件下,两个铁塔线路之间的变形是由 A、B 两点的变形及其倾斜变形共同形成的。

（4）地表铁塔位置（A、B 点）各个坐标方向的变形量与线路档距 L 及其铁塔高度 h 相比,是不可比拟的,即小变形问题。

（5）在此规定,各点的位移分量与正轴方向一致时取正值,相反时取负值;铁塔顶端偏转所造成的坐标增量分量同样也为一致时取正值,反之取负值。

为此原来地表未移动前,两点之间的水平距离即线路档距 L 为:

$$L = \sqrt{(x_2-x_1)^2 + (y_2-y_1)^2} \tag{3-1}$$

AB 两点的斜距为:

$$L' = \sqrt{(x_2-x_1)^2 + (y_2-y_1)^2 + (z_2-z_1)^2} \tag{3-2}$$

在地表变形后,$A'B'$ 两点之间的水平距离即新的线路档距变为:

$$L_n = \sqrt{[(x_2-x_1)+(u_{2x}-u_{1x})]^2 + [(y_2-y_1)+(u_{2y}-u_{1y})]^2}$$
$$= \sqrt{[\Delta x + \Delta u_x]^2 + [\Delta y + \Delta u_y]^2} \tag{3-3}$$

$A'B'$ 两点间的斜距 L'_n 为:

$$L'_n = \sqrt{[\Delta x + \Delta u_x]^2 + [\Delta y + \Delta u_y]^2 + [\Delta z + \Delta w_z]^2} \qquad (3-4)$$

一般地，由于地表铁塔处的位移(u_x, u_y, w_z)远远小于供电线路的档距L，此时铁塔高度h处的变形主要是由于地表的倾斜所造成的，假设A'点的倾斜为i_{A1}，B'点的倾斜为i_{B2}，则有公式

$$i_{A1} = \tan \beta_1 = \frac{W_{1z}}{\sqrt{u_{1x}^2 + u_{1y}^2 + w_{1z}^2}} \qquad (3-5)$$

$$i_{B2} = \tan \beta_1 = \frac{W_{2z}}{\sqrt{u_{2x}^2 + u_{2y}^2 + w_{2z}^2}} \qquad (3-6)$$

式中β_1、β_2分别为地表移动后线路铁塔与垂线的夹角，实际是铁塔的倾斜角度。

因此，高度为h的铁塔顶端因倾斜导致在oxy平面向倾斜的水平投影偏移距分别为：

$$L_{Axy} = h \cdot i_{A1} \qquad (3-7)$$

$$L_{Bxy} = h \cdot i_{B2} \qquad (3-8)$$

3.2.1.2　协动过程分析及供电铁塔顶端点空间距离的求解

按照煤矿地表移动引起供电铁塔顶端两点之间变形的过程而言，其本质是在两点发生移动后，不仅有平面的距离变化，而且还有垂直位移即高程的变化所引起地表倾斜的变化，从而在随动或者协动情况下，使铁塔倾斜而形成顶端两点之间的距离变化，经过详细的研究分析，其铁塔倾斜的方向应是oxy平面内各点水平位移方向的合方向，由此可绘制出地表两个供电铁塔地面点及顶端点的位移过程及相互关系图，参见图 3-4 及图 3-5。

至此，该问题即简化成由于地表移动变形使空间坐标变化以及倾斜所引起的铁塔顶端点偏斜两者所决定之间的空间距离的求解问题。

在Oxy坐标平面内，地表A、B两点以及铁塔顶端两点因移动与倾斜所造成的水平投影的变化轨迹，分别为$1 \rightarrow 2 \rightarrow 3$和$4 \rightarrow 5 \rightarrow 6$，如图 3-5 所示。

由此，根据铁塔顶点的移动轨迹及相互关系，即可求出地表移动变形终了时铁塔顶点的空间坐标以及空间距离。

因为地面铁塔AA'在最终移动后的顶端偏转所造成的x、y及z轴的增加分量为：

$$\Delta x_3 = L_{Axy} \frac{u_{x1}}{\sqrt{u_{x1}^2 + u_{y1}^2}} = h \cdot i_{A1} \cdot \frac{u_{x1}}{\sqrt{u_{x1}^2 + u_{y1}^2}} \qquad (3-9)$$

$$\Delta y_3 = -L_{Axy} \frac{u_{y1}}{\sqrt{u_{x1}^2 + u_{y1}^2}} = -h \cdot i_{A1} \cdot \frac{u_{y1}}{\sqrt{u_{x1}^2 + u_{y1}^2}} \qquad (3-10)$$

$$\Delta z_3 = h \cdot \cos \beta_1 \qquad (3-11)$$

同理，地面铁塔BB'在最终移动后的顶端偏转所造成的x、y及z轴的增加

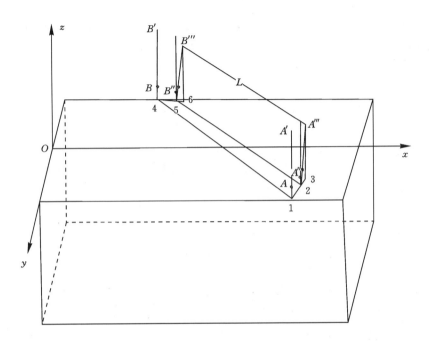

图 3-4　地表供电铁塔-线路的空间协动关系模型

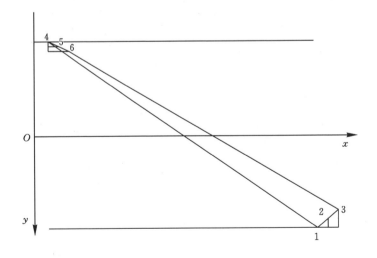

图 3-5　oxy 平面内铁塔顶端点的移动投影轨迹及相互关系

分量为：

$$\Delta x_6 = L_{Bxy} = \frac{u_{x2}}{\sqrt{u_{x2}^2 + u_{y2}^2}} = h \cdot i_{B2} \cdot \frac{u_{x2}}{\sqrt{u_{x2}^2 + u_{y2}^2}} \tag{3-12}$$

$$\Delta y_6 = L_{Bxy} = \frac{u_{y2}}{\sqrt{u_{x2}^2 + u_{y2}^2}} = h \cdot i_{B2} \cdot \frac{u_{y2}}{\sqrt{u_{x2}^2 + u_{y2}^2}} \tag{3-13}$$

$$\Delta z_6 = h \cdot \cos \beta_2 \tag{3-14}$$

在上述已经确定铁塔顶点空间坐标的变化情况下，最终有 A''' 的坐标为：

$$A'''(x, y, z) = A'''(x_1 + u_{x1} + h \cdot i_{A1} \cdot \frac{u_{x1}}{\sqrt{u_{x1}^2 + u_{y1}^2}},$$

$$y_1 + u_{y1} - h \cdot i_{A1} \cdot \frac{u_{y1}}{\sqrt{u_{x1}^2 + u_{y1}^2}}, z_1 - w_{z1} + h \cdot \cos \beta_1)$$

B''' 的坐标为：

$$B'''(x, y, z) = A'''(x_2 + u_{x2} + h \cdot i_{B2} \cdot \frac{u_{x2}}{\sqrt{u_{x2}^2 + u_{y2}^2}},$$

$$y_2 + u_{y2} + h \cdot i_{B2} \cdot \frac{u_{y2}}{\sqrt{u_{x2}^2 + u_{y2}^2}}, z_2 - w_{z2} + h \cdot \cos \beta_2)$$

因此，地表移动变形后铁塔两个顶点之间的空间距离为：

$$L'_n = \sqrt{\left[\Delta x + \Delta u_x + h\left(\frac{i_{A1} \cdot u_{x1}}{\sqrt{u_{x1}^2 + u_{y1}^2}} - \frac{i_{B2} \cdot u_{x2}}{\sqrt{u_{x2}^2 + u_{y2}^2}}\right)\right]^2 + \left[\Delta y + \Delta u_y + \right.}$$

$$\overline{\sqrt{h\left(\frac{-i_{A1} \cdot u_{y1}}{\sqrt{u_{x1}^2 + u_{y1}^2}} - \frac{i_{B2} \cdot u_{y2}}{\sqrt{u_{x2}^2 + u_{y2}^2}}\right)\right]^2 + \left[\Delta z + \Delta w_z + h(\cos \beta_1 - \cos \beta_2)\right]^2}}$$

$$\tag{3-15}$$

此即为煤层开采后地表移动后，供电铁塔顶端两点之间的空间距离的计算公式。

由此可见，地面供电铁塔顶端两端点之间的距离变化，既与其位移的差值有关，也与其地表倾斜程度密切相关，若两点的位移差值大，倾斜度大，线路的斜长变化大，易引起线路绷直或拉断事故；而若两点的各轴位移分量反向，更易使线路绷直或拉断，影响其正常安全运行。

3.2.1.3　影响供电线路安全运行的判断准则

因工作面开采会对造成地表不同程度的水平位移、沉陷、倾斜，从而使地面供电铁塔同样发生水平位移、沉陷、倾斜等影响。在考虑铁塔桁架结构不产生变形的情况下，上述因素可能导致两塔之间的导线产生绷紧甚至拉断等现象，会对线路和人员的安全运行产生影响，故在工作面开采前，预测供电铁塔的变形情况和计算导线在绷紧和拉断状态的临界值，是非常有必要的。

首先,利用公式计算两铁塔之间导线长度 D,设两铁塔间导线的弧垂为 f,两铁塔的高差角为 φ,档距为 L,高差为 Δh,则导线长度的计算公式为:

$$\begin{cases} D = L + \dfrac{g^2 L^2}{24\sigma_0} + \dfrac{\Delta h^2}{2L},\text{小高差时,即 } \Delta h/L \in (0,0.1] \\ D = \dfrac{L}{\cos\varphi} + \dfrac{g^2 L^2 \cos\varphi}{24\sigma_0^2},\text{大高差时,即 } \Delta h/L \in (0.1,0.25) \end{cases} \tag{3-16}$$

因 333 铁塔高程为 $z_1 = 1\ 416.8$ m,334 铁塔高程 $z_2 = 1\ 421.95$ m,两塔高差 $\Delta h = z_1 - z_2 = 5.15$ m。

$$\varphi = \tan^{-1} \frac{\Delta h}{L} = \tan^{-1} \frac{5.15}{315} \approx 0.94°$$

因 $\Delta h/L = 0.016 \leqslant 0.1$ 时,存在小高差,线路的弧垂一般按照如下公式计算:

$$f = \frac{gL^2}{8\sigma_0} \tag{3-17}$$

式中　g——导线的比载,N/(m·mm²);

　　　σ_0——导线最低点的水平应力,N/mm²。

按照破断载荷,考虑 2.5 的安全系数,可求得 $\sigma_0 = 113.68$ N/mm²。

但对焦煤矿的高压供电线路,LGJ-185 型钢芯铝绞线其每公里导线的质量 $m_0 = 774$ kg/km,截面积 $S = 216.76$ mm²,故其比载为:

$$g = \frac{9.8m_0}{S} \times 10^{-3} = \frac{9.8 \times 774}{216.76} \times 10^{-3} \approx 0.035 \ [\text{N/(m·mm}^2)]$$

将相关参数代入式(3-17)得线路的弧垂 f 为 3.82 m。

因此,在焦煤矿情况供电线路为小高差时,单个档距之间的线路长度为:

$$D = L + \frac{g^2 L^2}{24\sigma_0} + \frac{\Delta h^2}{2L} = 315 + \frac{0.035^2 \times 315^2}{24 \times 113.68} + \frac{27.5^2}{2 \times 315} = 316.25 \ (\text{m})$$

依据焦煤矿地面高压供电线路的实际条件,则线路绷直的评价准则为:

$$L''_n \geqslant D \tag{3-18}$$

设线路的抗拉弹性模量为 E_x,应变为 ε_x,抗拉强度为 σ_t,则有线路拉伸变形所允许的伸长量为:

$$\Delta L = L''_n - D \leqslant \varepsilon_x D$$

由此推出有:

$$L''_n \leqslant (\varepsilon_x + 1)D = (1 + \sigma_t/E_x)D \tag{3-19}$$

最后,由线路的抗拉强度所决定的最大伸长量 ΔL 即可唯一地确定。

3.2.2　各种特例匹配条件下的供电铁塔运行的安全评价准则及分析

3.2.2.1　线路方向平行工作面推进关系下的安全影响分析

假设地表存在两个同样的供电铁塔 A 和 B，且开采工作面在供电铁塔的正下方并与两铁塔线路方向平行，设塔 A 的初始地面点坐标为 $A(x_1, y_1, z_1)$，铁塔 B 的初始地面点坐标为 $B(x_2, y_2, z_2)$，两塔高度均为 h，如图 3-6 所示，图中 $L = |x_2 - x_1|$，$z_1 = h$，$z_2 = h + \Delta h$。

因预测两供电铁塔之间导线绷直或拉断时的临界值，分析时可将发生绷直或拉断的导线视为一条直线，同时因两供电铁塔存在高差，因此可依给定前提条件，分情况讨论采动过程中地表发生不同类型的移动对地面供电铁塔及其线路的影响，即线路绷直或拉断时的临界值。

在供电线路与工作面开采方向平行且位于沉陷主剖面的条件，依据供电铁塔与工作面开采位置的关系，可以分为一个铁塔受影响、两个铁塔受影响的情况，但两个铁塔受影响的情况可用第一种情况来代替。此外，一个铁塔受影响的情况又可分为仅水平移动、仅垂直下沉和两者共同影响即发生倾斜转动的情形，这三种情况的出现是与地面铁塔相对于工作面煤壁的位置是密切相关的。第一种情况是两个铁塔均位于前方实体煤层上方，但靠近工作面的铁塔受采动影响主要仅有水平位移的阶段；第二种情况是一个实体煤上方，未受采动影响，另一个处于充分采动影响区内的阶段；第三种则是一个在实体煤上方且未受采动影响，另一个位于地表水平位移与下沉分界点或两者均存在的阶段。

（1）仅 A 塔发生 x 轴的水平位移，导线绷紧和拉断时临界值的预测

如图 3-6 所示，铁塔 A 与铁塔 B 在 x 轴坐标发生变化，即档距 L 增加或减少，因只考虑导线绷直与拉断情况，故仅考虑 L 的增加。设 AB 间水平位移增加 u_x 时，铁塔间的导线绷直，有：

$$D = \sqrt{(L + u_x)^2 + \Delta h^2} \tag{3-20}$$

$$u_{xx} \leqslant \sqrt{D^2 - \Delta h^2} - L \tag{3-21}$$

由以上可知，u_{xx} 为仅 A 塔发生水平位移时导线绷直的临界值，即 AB 间水平位移 $u_x < u_{xx}$ 时导线不会绷直。

设 δ 为导线受到拉应力影响时发生断裂的形变长度，因此导线在 A 塔仅发生水平位移时断裂的临界值为：

$$u_{xmax} \geqslant \sqrt{(D + \delta)^2 - \Delta h^2} - L \tag{3-22}$$

由上述公式可知：当沿工作面开采推进方向的水平位移（或位移差）符合 $u_{xx} \leqslant u_x \leqslant u_{xmax}$ 时导线处于绷直状态；$u_x \geqslant u_{xmax}$ 时导线将发生断裂。

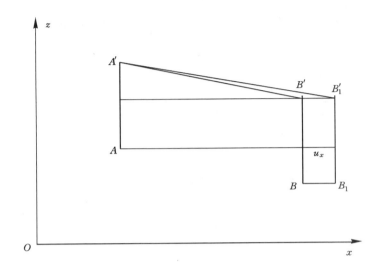

图 3-6　沿 x 轴发生水平位移 u_x 时线路情况

经查供电线路的相关规定,焦煤矿地表供电线路悬挂 6 根导线,应为 LGJ-185 型钢芯铝绞线,弹性模量为 $E_x=78\ 000$ MPa,抗拉力为 $F_t=61.603$ kN,公称截面 $S=216.76$ mm^2,抗拉强度为 $\sigma_t=284.2$ MPa,在开采沉陷前线路悬挂处的应力为 $\sigma'_0=5.53$ MPa,为此其能承受地表变形而引起的破断变形(伸长量)为:

$$\delta = \frac{\sigma_t - \sigma_0}{E_x} D \tag{3-23}$$

在仅发生水平位移的情况下,依据焦煤矿地面铁塔的情况,$D=316.25$ m,$L=315$ m,$\Delta h=5.15$ m 时,要求不发生线路绷直的铁塔位移(差)$u_x \leqslant 1.208$ m。

因据实际的线路布置及基本参数线,线路绷直至拉断的形变量 δ 为 1.130 m,由式(3-22)可得供电线路拉断的临界水平位移量 $u_{x\max}$ 为 2.338 m。

因此,得出仅发生沿工作面开采推进方向的水平位移(或位移差)时线路状态判断临界值为:铁塔位移(差)$u_x \leqslant 1.208$ m 时可以安全运行;符合 1.208 m$<$$u_x<2.338$ m 时导线处于绷直状态;$u_x \geqslant 2.338$ m 时导线将发生断裂。

(2) 仅 A 塔发生单独垂直下沉,导线绷紧和拉断的临界值预测

如图 3-7 所示,当低塔 A 单独发生垂直下沉时,铁塔 A 在 z 轴坐标发生变化,即两塔的高差 Δh 发生变化,档距不变。

设下沉前 AB 塔高差为 Δh,A 塔下沉量为 w_z 时,AB 间的导线绷直,设 $EG=L_1$,$CE=L-L_1$,则根据三角形的关系,有:

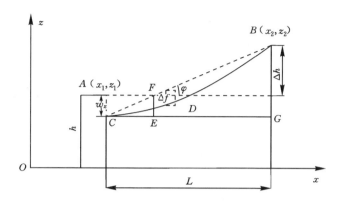

图 3-7　两铁塔在 z-x 坐标轴上的投影位置

$$w_x = \pm \sqrt{D^2 - L^2} \, \Delta h \qquad (3\text{-}24)$$

由以上公式可知，w_x 为仅 A 塔发生垂直下沉时导线绷直的临界值，即 A 塔垂直下沉小于 w_x 时导线不会绷直。其中取＋号，为 A 塔下沉的临界值，取－号为 A 塔的上升值，相当于 B 塔下沉的临界值。

同理，当铁塔 A 发生下沉时，导线也受到崩断前拉伸变形 δ 的影响，因此导线在地表垂直沉降时发生断裂的临界值由下式确定：

$$w_{z\max} = \pm \sqrt{(D + \delta)^2 - L^2} - \Delta h \qquad (3\text{-}25)$$

由上述公式可知：当沿工作面开采推进方向的垂直下沉位移（或位移差）符合 $w_x \leqslant w_z < w_{z\max}$ 时导线处于绷直状态；$w_z \geqslant w_{z\max}$ 时导线将发生断裂。

与仅单塔发生水平位移情况相类似，将焦煤矿相关参数代入，可得铁塔垂直位移（或下沉差）$w_z \leqslant w_x = 22.940$ m 时可以安全运行；符合 22.940 m $< w_z \leqslant$ 33.645 m 时导线处于绷直状态；$w_z < 33.645$ m 时导线将发生断裂。

若为高塔 B 发生垂直下沉（即公式取－号），实际上是两铁塔的高差缩小，此时有利于线路的正常安全运行，可得出线路绷直的临界下沉值为 33.240 m；线路拉断的临界下沉值为 44.945 m。

（3）地面供电铁塔仅 A 塔（低塔）发生倾斜，导线绷紧和拉断的临界值预测

当 A 塔（低塔）发生倾斜时，其顶端点在 x-z 坐标系位置均发生变化，见图 3-8。此时，供电铁塔在垂直与水平方向的投影位置存在关联关系。因工作面开采方向与 AB 供电铁塔平行，且在两塔正下方，故只考虑 A 铁塔向工作面开采方向的倾斜。

此种仅有倾斜而无位移的情况，仅在铁塔 A 前侧发生变形，拉紧时形成，铁塔 AB 间的导线绷直，则有：

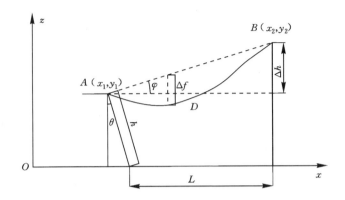

图 3-8　A 塔(低塔)倾斜的 z-x 坐标关系

$$D = \sqrt{(L + h\sin\theta_1)^2 + [\Delta h + h(1 - \cos\theta_1)]^2} \qquad (3\text{-}26)$$

将上式化为如下形式,令 $f(\theta) = 0$,则有:

$$f(\theta) = D^2 - (L + h\sin\theta_1)^2 - [\Delta h + h(1 - \cos\theta_1)]^2 = 0 \qquad (3\text{-}27)$$

由上述公式可知,当供电铁塔 A 倾斜角度达到 θ_{1c} 时,导线将被绷直。即倾斜角度小于 θ_{1c} 时,导线不会绷直。

当铁塔 A 发生倾斜时,导线崩断同样地也受到极限强度即极限变形 δ 的影响,因此导线发生拉断的倾斜角度临界值为:

$$f(\theta) = (D + \delta)^2 - (L + h\sin\theta_1)^2 - [\Delta h + h(1 - \cos\theta_1)]^2 = 0$$
$$(3\text{-}28)$$

由上述公式可知:当铁塔 A 倾斜角度 $\theta_1 < \theta_{1c}$ 时,地面供电线路安全运行;$\theta_{1c} \leqslant \theta_1 < \theta_{1\max}$ 时导线处于绷直状态;$\theta_1 \geqslant \theta_{1\max}$ 时导线将发生断裂。

依据焦煤矿实际,铁塔挂线高度 $h = 37$ m,可以求得 $\theta_{1c} = 3.32°$,$\theta_{1\max} = 3.323°$,可见低塔(A)倾斜角小于 $3.32°$,线路运行安全;倾斜角大于 $3.32°$ 小于 $3.323°$,线路处于拉紧状态;倾斜角大于 $3.323°$ 时,线路易于拉断。

此外,注意到铁塔倾斜角很小时,有 $\sin\theta_1 \approx \theta_1$,$\cos\theta_1 \approx 1$ 则线路拉紧时临界倾角为:

$$\theta_{1c} = \frac{180(\sqrt{D^2 - \Delta h^2} - L)}{\pi \cdot h} \qquad (3\text{-}29)$$

同理,线路拉断时临界倾角为:

$$\theta_{1\max} = \frac{180(\sqrt{(D + \delta)^2 - \Delta h^2} - L)}{\pi \cdot h} \qquad (3\text{-}30)$$

将相关参数代入上述两式,可得 $\theta_{1c} = 1.872°$,$\theta_{1\max} = 3.621°$ 由此可见,线路

拉断的临界倾角约为拉紧的 2 倍。若 $\sin \theta$ 不按照前述近似,则可得 $\theta_{1c} = 1.871°,\theta_{1max} = 3.623°$。

对第二种情况,倾斜是由于水平位移和垂直位移形成的,即实际上倾斜角由水平位移 u_x 和垂直位移 w_z 决定,见图 3-9。设 A 塔倾斜角为 θ_1,且 $\theta_1 = \tan^{-1}(u_x/w_z)$,则此时需要求 A'_1B' 之间的距离。

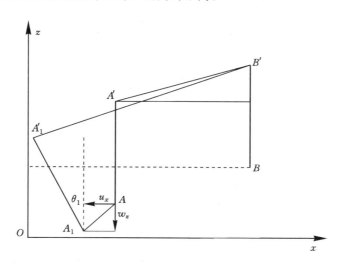

图 3-9　因水平与垂直位移引起倾斜的线路变形分析

地表移动变形后,地表 A 点的坐标变为 $A_1(x_1 - u_x, z_1 - w_z)$,而铁塔顶端的坐标变为 $A'_1(x_1 - u_x - h\sin \theta_1, z_1 - w_z - h(1 - \cos \theta_1))$,由此档间绷紧的线路长度为:

$$L_{A'_1B'} = \sqrt{(x_2 - x_1 + u_x + h\sin \theta_1)^2 + [z_2 - z_1 + w_z + h(1 - \cos \theta_1)]^2}$$
$$= \sqrt{(L + u_x + h\sin \theta_1)^2 + [\Delta h + w_z + h(1 - \cos \theta_1)]^2}$$

其等于线路的长度 D,仿照前面的处理,则有线路拉紧的条件为:

$$D \leqslant \sqrt{(L + u_x + h\sin \theta_1)^2 + [\Delta h + w_z + h(1 - \cos \theta_1)]^2} \quad (3\text{-}31)$$

同理,线路拉断的条件为:

$$D \leqslant \sqrt{(L + u_x + h\sin \theta_1)^2 + [\Delta h + w_z + h(1 - \cos \theta_1)]^2} - \delta \quad (3\text{-}32)$$

从上述两式所决定的 θ_{1c} 和 θ_{1max} 即为判断拉紧及拉断的极限倾斜角。

因 $u_x = u\cos \theta_1, w_z = u\sin \theta_1$,则上两式可以变为:

$$D \leqslant \sqrt{(L + u_x\cos \theta_1 + h\sin \theta_1)^2 + [\Delta h + u\sin \theta_1 + h(1 - \cos \theta_1)]^2}$$

$$(3\text{-}33)$$

$$D \leqslant \sqrt{(L + u_x \cos \theta_1 + h \sin \theta_1)^2 + [\Delta h + u \sin \theta_1 + h(1 - \cos \theta_1)]^2} - \delta$$

$$(3\text{-}34)$$

式中,u 为地表 A 点移动的合位移。

对于此种情况,如水平位移 u_x 和垂直位移 w_z 已知,即可预测其倾斜角是否超限。

(4) 地面供电线路仅铁塔 B(高塔)倾斜时,导线绷紧和拉断的临界值预测

在 B 塔(高塔)倾斜时,铁塔 B 与铁塔 A 在 x-z 坐标系上相对位置关系发生变化。由于工作面开采方向与 AB 两供电铁塔的方向平行,且在两塔的正下方,因此只考虑 B 铁塔向采空区方向倾斜。

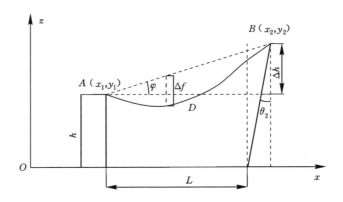

图 3-10　B 塔(高塔)倾斜坐标投影关系

设 B 塔的倾斜角为时,AB 间的导线处于拉直状态,则依据图 3-10,有:

$$D = \sqrt{(L + h \sin \theta_2)^2 + [\Delta h - h(1 - \cos \theta_2)]^2}$$

经过推导可得:

$$f(\theta) = D^2 - (L + h \sin \theta_2)^2 - [\Delta h - h(1 - \cos \theta_2)]^2 = 0 \quad (3\text{-}35)$$

由上述公式,当供电铁塔 B 倾斜且倾斜角度达到 θ_{2c} 时,导线将被绷直,即倾斜角度小于 θ_{2c} 时,导线不会绷直,正常运行。

当铁塔 B 倾斜时,导线也受到 δ 的影响可能被拉断,因此导线在 B 塔倾斜时发生断裂的倾角临界值为:

$$f(\theta) = (D + \delta)^2 - (L + h \sin \theta_2)^2 - [\Delta h - h(1 - \cos \theta_2)]^2 = 0 \quad (3\text{-}36)$$

当铁塔 B 倾斜角 $\theta_{2c} \leqslant \theta_2 < \theta_{2\max}$ 时,导线处于绷直状态;$\theta_2 < \theta_{2\max}$ 时,导线发生断裂。

依照焦煤矿的实际条件,可求得高塔(B 塔)倾斜时,导线拉紧的临界倾斜角为 $3.291°$,线路拉断的临界倾斜角为 $3.326°$。

根据焦煤矿条件下 A 和 B 塔的临界倾斜预测值,发现 B 塔(高塔)的临界倾斜角大于 A 塔(低塔)的临界倾斜角,这是因两塔存在高差,B 塔高于 A 塔,所以在 B 塔倾斜时使高差减小,而 A 塔倾斜时使其两者的高差加大的缘故。因此,若 A、B 两铁塔发生相反方向的倾斜时,A 塔(低塔)对导线产生的破坏会比 B 塔(高塔)大,为此在控制铁塔倾斜时,对地表高程较低处的铁塔,需要更加注意。

此外,若铁塔倾斜角很小时,高塔的倾斜线路拉紧与拉断的临界倾角相同,即 $\theta_{1c} = 1.872°$,$\theta_{1max} = 3.621°$。

与 A 塔发生倾斜的情况类似,对第二种情况,倾斜是由于水平位移和垂直位移形成的,即实际上倾斜角由水平位移 u_x 和垂直位移 w_z 决定。设 B 塔倾斜角为 θ_2,且 $\theta_2 = \tan^{-1}(u_x/w_z)$,则此时需要求 $A'B'_1$ 之间的距离。

地表移动变形后,地表 B 点的坐标变为 $B_1(x_2 + u_x, z_2 - w_z)$,而铁塔顶端的坐标变为 $B_1'(x_2 + u_x + h\sin\theta_2, z_2 - w_z + h(1 - \cos\theta_2))$,由此档间绷紧的线路长度为:

$$L_{A'_1 B'} = \sqrt{(x_2 - x_1 + u_x + h\sin\theta_2)^2 + [z_2 - z_1 - w_z + h(1 - \cos\theta_2)]^2}$$
$$= \sqrt{(L + u_x + h\sin\theta_2)^2 + [\Delta h - w_z + h(1 - \cos\theta_2)]^2}$$

令其等于线路的长度 D,仿前的处理,则有线路拉紧的条件为:

$$D \leqslant \sqrt{(L + u_x + h\sin\theta_2)^2 + [\Delta h - w_z + h(1 - \cos\theta_2)]^2} \quad (3-37)$$

同理,线路拉断的条件为:

$$D \leqslant \sqrt{(L + u_x + h\sin\theta_2)^2 + [\Delta h - w_z + h(1 - \cos\theta_2)]^2} - \delta \quad (3-38)$$

从上述两式所决定的 θ_{1c} 和 θ_{1max} 即为判断拉紧及拉断的极限倾斜角。

因 $u_x = u\cos\theta_1$,$w_z = u\sin\theta_1$,则上两式可以变为:

$$D \leqslant \sqrt{(L + u\cos\theta_2 + h\sin\theta_2)^2 + [\Delta h - u\sin\theta_2 + h(1 - \cos\theta_2)]^2}$$
$$(3-39)$$

$$D \leqslant \sqrt{(L + u\cos\theta_2 + h\sin\theta_2)^2 + [\Delta h - u\sin\theta_2 + h(1 - \cos\theta_2)]^2} - \delta$$
$$(3-40)$$

式中,u 为地表 A 点移动的合位移。

对于此种情况,如水平位移 u_x 和垂直位移 w_z 已知,即可预测其倾斜角是否超限。

3.2.2.2　线路方向垂直工作面推进方向关系下的安全影响分析

在供电线路方向与工作面推进方向垂直的情况下,从大的方面而言,可分三种情况:① 2 个铁塔均位于工作面煤壁前方比较远的位置,此时铁塔以向工作面侧的水平位移(u_x)为主;② 2 个铁塔均位于充分采动的较远采空区内,则以垂直下沉(w_z)为主;③ 2 个铁塔位于剧烈采动影响区,为最一般的情况,既有 u_x、u_y、w_z,又有由此产生的铁塔倾斜,线路的变形由两部分组成,总变形与其两点的位移差值、坐标和杆高有关，一般的判断可以参照式 3-1。

线路与工作面推进垂直时三种情况，参见图 3-11。

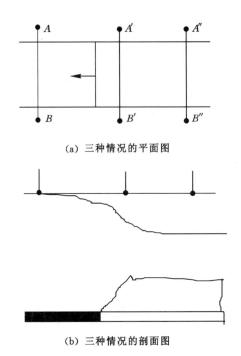

(a) 三种情况的平面图

(b) 三种情况的剖面图

图 3-11　线路与开采垂直的三类情况

① 第一种情况，主要为水平位移（u_x）的线路安全分析

在此情形时，因工作面煤壁与线路距离较远，采动影响主要为水平位移（u_x），一般地两铁塔地面点的位移值不等，即 $u_{x1} \neq u_{x2}$。

此时，依据图 3-12 可知，因 $x_1 = x_2$，$\Delta z = \Delta h$，$\Delta y = L$，有线路铁塔变形后有铁塔顶端斜长为：

$$L'' = \sqrt{(u_{x2} - u_{x1})^2 + (y_2 - y_1)^2 + (z_2 - z_1)^2} = \sqrt{(u_{x2} - u_{x1})^2 + L^2 + \Delta h^2}$$

地表变形前，原铁塔顶端斜线路长度为：

$$L' = \sqrt{L^2 + \Delta h^2}$$

但因 $L'' - L' = 1.25$，则有：

$$\sqrt{(u_{x2} - u_{x1})^2 + L^2 + \Delta h^2} - \sqrt{L^2 + \Delta h^2} = 1.25$$

因 L、D、Δh 为已知值，因此解出 Δu_x，有两塔的水平变形差值，即线路拉直（绷紧）的临界安全条件为：

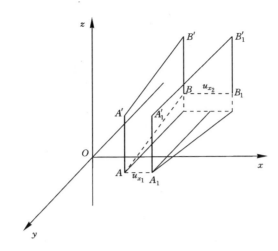

图 3-12　线路垂直开采方向仅水平位移情况

$$\Delta u_x = u_{x2} - u_{x1} \leqslant \sqrt{(1.25 + \sqrt{L^2 + \Delta h^2})^2 - L^2 - \Delta h^2} \qquad (3\text{-}41)$$

若考虑线路的抗拉强度所允许的极限变形 δ，则有：

$$\Delta u_x = u_{x2} - u_{x1} \leqslant \sqrt{(1.25 + \delta + \sqrt{L^2 + \Delta h^2})^2 - L^2 - \Delta h^2} \qquad (3\text{-}42)$$

将相关参数代入得，当两铁塔发生水平位移时，其在水平方向上的位移差 Δu_x 达到 28.092 m 导线会绷直；其位移差 Δu_x 不能超过 38.798 m，否则线路会被拉断。

由此可见，在仅发生与工作面开采方向一致的水平位移时，线路一般可以保持正常安全运行，不易绷紧和拉断。

另外，在仅发生平行工作面长度方向的水平位移即 u_{y1} 和 u_{y2} 时，单档间的线路松弛，与其相邻的档间线路可能拉紧和拉断，本档线路趋于更加安全，相邻档间线路趋于危险。

② 第二种情况，主要发生垂直位移(w_z)时情况预测

当地面供电铁塔线路位于距工作面较远的采空区内，则 A、B 两塔主要发生垂直下沉，一般地面两点的垂直下沉不等，即 $w_{z1} \neq w_{z2}$，有位移差存在。此时，铁塔的位置变化关系，参见图 3-13。

在类似于大同焦煤矿的丘陵和山区地面，供电线路铁塔地面存在标高差。

依据前面的分析，低塔下沉对线路的安全运行影响较大，为此以低塔下沉大于高塔位移为例，即 $w_{z1} > w_{z2}$ 的情形进行分析。

此时，依据图 3-13 有线路拉紧的垂直下沉差临界条件为：

$$\Delta w_z \geqslant \sqrt{D^2 - L^2} - \Delta h \qquad (3\text{-}43)$$

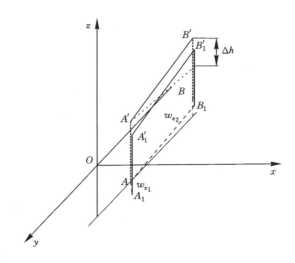

图 3-13　线路与开采正交时下沉的位置关系

线路拉断时,垂直下沉差值的临界条件为:

$$\Delta w_z \geqslant \sqrt{(D+\delta)^2 - L^2} - \Delta h \tag{3-44}$$

将焦煤矿的实际条件,代入上述两个公式,可得供电线路与工作面方向平行且仅以垂直下沉为主时,其线路拉紧的临界垂直下沉差为 22.940 m,线路拉断的临界垂直下沉差为 33.645 m。由此可见,一般的采深以及厚度煤层开采,垂直位移均达不到此下沉差值,为此该类线路与工作面走向长度的匹配关系是比较好的。

③ 第三种情况,地面供电线路发生任意位移时导线绷紧与拉断的临界参数预测

在地面铁塔发生任意位移的情况,即地面 A 点的位移为 (u_{x1}, u_{y1}, w_{z1}),B 点的位移为 (u_{x2}, u_{y2}, w_{z2}),关键是此时线路与工作面长度方向平行,即 $x_1 = x_2$,则依据公式(3-15),有:

$$L'_n = \sqrt{[\Delta u_x + h(\frac{i_{A1} \cdot u_{x1}}{\sqrt{u_{x1}^2 + u_{y1}^2}} - \frac{i_{B2} \cdot u_{x2}}{\sqrt{u_{x2}^2 + u_{y2}^2}})]^2 +}$$
$$\sqrt{[L + \Delta u_y + h(\frac{-i_{A1} \cdot u_{y1}}{\sqrt{u_{x1}^2 + u_{y1}^2}} - \frac{i_{B2} \cdot u_{y2}}{\sqrt{u_{x2}^2 + u_{y2}^2}})]^2 +}$$
$$\sqrt{[\Delta h + \Delta w_z + h(\cos \beta_1 - \cos \beta_2)]^2} \tag{3-45}$$

在此种位移变化情况下,只要已知两铁塔地面点的预测位移或实际观测位移,即可据上式预测地表变形后线路的需要长度,从而判断线路的实际状态,即安全、拉紧或可能拉断的预测结果。

安全时,有:

$$L'_n \leqslant D \tag{3-46}$$

拉紧时,有:

$$D < L'_n < D + \delta \tag{3-47}$$

拉断时,有:

$$L'_n \geqslant D + \delta \tag{3-48}$$

3.3 焦煤矿多煤层开采地表供电铁塔保护及控制变形的逆向预测

3.3.1 保护高压供电铁塔的地表总变形值预计

如果按照本章所建立的供电线路与开采方向不同匹配的情况,分别在仅水平变形、垂直下沉、单独倾斜、综合变形的具体分析,其在 $4^{\#}$ 和 $5^{\#}$ 煤层开采时其总的变形值预计情况,参见表 3-1。

需要注意,其临界预计条件为线路档距 315 m,两铁塔高差为 5.15 m,塔高 37 m,导线长 316.25 m,极限变形量 1.130 m,假设铁塔为刚性结构(不变形),工作面开采方向为 x 轴,平行工作面长度方向为 y 轴,垂向为 z 轴。

依据供电线路的地表变形力学模型的预计,给出各种变形的临界预测控制参数,但电力部门也有相应的标准。为此,需要将分析结果与标准比较,以确定其安全控制程度。《架空送电线路运行规程》中的要求参见表 3-2。

表 3-1 基于供电铁塔先决条件的各种开采匹配的临界变形值预测及评价方法

供电线路与工作面开采方向平行					
位移临界值	u_x	u_y	w_z	θ	临界值预测公式
水平位移 绷紧	1 208				$u_{xx} \leqslant \sqrt{D^2 - \Delta h^2} - L$
水平位移 拉断	2 338				$u_{x\max} \geqslant \sqrt{(D+\delta)^2 - \Delta h^2} - L$
仅垂直下沉 绷紧			22 940		$w_{zx} = \sqrt{D^2 - L^2} - \Delta h$,低塔下沉
仅垂直下沉 拉断			33 345		$w_{z\max} = \sqrt{(D+\delta)^2 - L^2} - \Delta h$,低塔下沉
仅垂直下沉 绷紧			33 240		$w_{zx} = -\sqrt{D^2 - L^2} - \Delta h$,高塔下沉(相当于低塔上升)
仅垂直下沉 拉断			44 945		$w_{z\max} = -\sqrt{(D+\delta)^2 - L^2} - \Delta h$,高塔下沉(相当于低塔上升)

供电线路与工作面开采方向平行					
位移临界值		u_x	u_y	w_z	θ	临界值预测公式

位移临界值		u_x	u_y	w_z	θ	临界值预测公式
仅倾斜	绷紧				1.871	$\theta_{1c} = \dfrac{180(\sqrt{(D^2-\Delta h^2)} - L)}{\pi \cdot h}$(低塔)
	拉断				3.623	$\theta_{1max} = \dfrac{180(\sqrt{(D+\delta)^2-\Delta h^2} - L)}{\pi \cdot h}$(低塔)
	绷紧				1.872	倾斜很小时,预测公式相同(高塔)
	拉断				3.621	倾斜很小时,预测公式相同(高塔)
综合倾斜	绷紧					$D \leqslant \sqrt{(L+u_x+h\sin\theta_1)^2 + [\Delta h + w_z + h(1-\cos\theta_1)]^2}$
	拉断					$D \leqslant \sqrt{(L+u_x+h\sin\theta_2)^2 + [\Delta h + w_z + h(1-\cos\theta_1)]^2} - \delta$

供电线路与工作面开采方向垂直					
位移临界值		u_x	u_y	w_z	θ	临界值预测公式
仅水平位移	绷紧	28 092				$\Delta u_x \leqslant \sqrt{(1.25 + \sqrt{L^2+\Delta h^2})^2 - L^2 - \Delta h^2}$
	拉断	38 798				$\Delta u_x \leqslant \sqrt{(1.25 + \delta + \sqrt{L^2+\Delta h^2})^2 - L^2 - \Delta h^2}$
仅垂直下沉	绷紧			22 940		$\Delta w_z \geqslant \sqrt{D^2 - L^2} - \Delta h$
	拉断			33 642		$\Delta w_z \geqslant \sqrt{(D+\delta)^2 - L^2} - \Delta h$
仅倾斜	绷紧				1.871	与平行方向相同
	拉断				3.623	与平行方向相同
综合倾斜	绷紧					$D^2 \leqslant [\Delta u_x + h(\dfrac{i_{A1} \cdot u_{x1}}{\sqrt{u_{x1}^2+u_{y1}^2}} - \dfrac{i_{B2} \cdot u_{x2}}{\sqrt{u_{x2}^2+u_{y2}^2}})]^2 +$ $[L + \Delta u_y + h(\dfrac{-i_{A1} \cdot u_{y1}}{\sqrt{u_{x1}^2+u_{y1}^2}} - \dfrac{i_{B2} \cdot u_{y2}}{\sqrt{u_{x2}^2+u_{y2}^2}})]^2 +$ $[\Delta h + \Delta w_z + h(\cos\beta_1 - \cos\beta_2)]^2$
	拉断					$(D+\delta)^2 \leqslant [\Delta u_x + h(\dfrac{i_{A1} \cdot u_{x1}}{\sqrt{u_{x1}^2+u_{y1}^2}} - \dfrac{i_{B2} \cdot u_{x2}}{\sqrt{u_{x2}^2+u_{y2}^2}})]^2 +$ $[L + \Delta u_y + h(\dfrac{-i_{A1} \cdot u_{y1}}{\sqrt{u_{x1}^2+u_{y1}^2}} - \dfrac{i_{B2} \cdot u_{y2}}{\sqrt{u_{x2}^2+u_{y2}^2}})]^2 +$ $[\Delta h + \Delta w_z + h(\cos\beta_1 - \cos\beta_2)]^2$

位移临界值		u_x	u_y	w_z	θ	临界值预测公式
综合位移	绷紧					$D^2 \leqslant [\Delta x + \Delta u_x + h(\dfrac{i_{A1} \cdot u_{x1}}{\sqrt{u_{x1}^2 + u_{y1}^2}} - \dfrac{i_{B2} \cdot u_{x2}}{\sqrt{u_{x2}^2 + u_{y2}^2}})]^2 +$ $[\Delta y + \Delta u_y + h(\dfrac{-i_{A1} \cdot u_{y1}}{\sqrt{u_{x1}^2 + u_{y1}^2}} - \dfrac{i_{B2} \cdot u_{y2}}{\sqrt{u_{x2}^2 + u_{y2}^2}})]^2 +$ $[\Delta z + \Delta w_z + h(\cos \beta_1 - \cos \beta_2)]^2$
	拉断					$(D+\delta)^2 \leqslant [\Delta x + \Delta u_x + h(\dfrac{i_{A1} \cdot u_{x1}}{\sqrt{u_{x1}^2 + u_{y1}^2}} - \dfrac{i_{B2} \cdot u_{x2}}{\sqrt{u_{x2}^2 + u_{y2}^2}})]^2 +$ $[\Delta y + \Delta u_y + h(\dfrac{-i_{A1} \cdot u_{y1}}{\sqrt{u_{x1}^2 + u_{y1}^2}} - \dfrac{i_{B2} \cdot u_{y2}}{\sqrt{u_{x2}^2 + u_{y2}^2}})]^2 +$ $[\Delta z + \Delta w_z + h(\cos \beta_1 - \cos \beta_2)]^2$

供电线路与工作面开采方向任意角度匹配

表 3-2　　　　　　杆塔倾斜、挠度及横担歪斜允许最大值

类型	钢筋混凝土电杆	钢管杆	角钢塔	钢管塔
直线杆塔倾斜度及挠度	1.5%	0.5%（倾斜度）	0.5%（适用 50 m 及以上高度铁塔）	0.5%
转角和终端杆塔（110～220 kV）及以下的最大挠度		2.0%		
杆塔横担歪斜度	1.0%		1.0%	0.5%

焦煤矿地面输电线路为角钢塔，其倾斜度及挠度的规定为 0.5%（塔高 42 m），杆塔横担歪斜度规定为 1‰，另外规定了基础不均匀沉降和根开差，根开 4～7 m 铁塔，不均匀沉降在 12.5～25.4 mm 之下；基础根开，偏差不能大于 0.004B（B 为根开距离）。

在线路与工作面开采方向平行时，仅倾斜时，拉紧时倾斜角为 1.871°，拉断时倾斜角为 3.623°，其杆塔倾斜度分别为 3.3% 和 6.3%，可见实际的拉紧和拉断所允许的倾斜度要比电力部门的规定大 2.3 倍和 5.3 倍，为此认为在焦煤矿条件下只要开采沉陷的线路倾斜度低于 1.871°，则都是可以保证线路的安全运行的。

线路与工作面开采方向垂直时，倾斜度情况与上面的分析完全相同。如此，要求铁塔顶端的偏移不超过 1 221 mm。

在经过地面高压供电线路与开采布局及其变形临界值的预测分析后，可以

有如下的启示性成果：

（1）线路方向与工作面开采方向平行时，开采沉陷对线路的安全运行影响较大；

（2）线路方向与工作面开采方向正交时，开采沉陷对线路的安全运行影响较小，易于维持正常的运行状态；

（3）地表倾斜比水平和垂直位移对线路的安全运行影响大；

（4）在存在地面高差时，低塔的移动变形要比高塔影响大；

（5）开采沉陷时，存在高差的供电线路要比等高线路的安全运行影响程度高。

3.3.2　基于焦煤矿各开采煤层情况的控制变形值逆向预测

现仅针对目前焦煤矿的实际地面供电线路的情况，进行 $4^\#$ 和 $5^\#$ 煤层开采的地表沉陷控制变形值的逆向预测。

3.3.2.1　$4^\#$ 煤层综放开采地表移动变形的逆向预测

在焦煤矿地表高压输电线路的匹配情况下，档距为 315 m，$4^\#$ 煤层 8503 综放工作面长度为 150 m，该工作面开采深度为 326.25 m，煤层均厚 9.33 m。由焦煤矿 8503 工作面布置，高压线路 333 号、334 号铁塔与工作面位置关系，高压线路斜穿过工作面，与工作面巷道成 30°，高压供电铁塔 333 位于 8503 工作面内部，距离 8503 工作面轨道平巷 9.0 m 处。高压铁塔 334 位于 8503 工作面以外，距离 8503 工作面运输平巷 38.0 m 处，距离 305 盘区 $4^\#$ 煤回风巷 50.0 m 处。两铁塔沿工作面开采方向的距离约为 272.798 m，大于 $4^\#$ 和 $5^\#$ 煤开采的地表沉陷影响半径，因此可以仅考虑单个铁塔的移动变形对线路运行的安全影响。高压线路与工作面对应关系，如图 3-14 所示。

焦煤矿此种工作面布置方案，对地面高压线路的保护及安全运行是比较有利的，其原因是：① $333^\#$ 铁塔位于 8503 工作面回风巷道附近，开采沉陷的数值较小，较有利于安全；② 工作面逐渐接近 $333^\#$ 铁塔时，其总位移方向大致朝向采空区的工作面长度的中心线，主要仅为 x 向水平位移，其安全允许值较大；③ $334^\#$ 铁塔位于下一个工作面，距 8503 工作面较远（38 m），因此 8503 工作面开采时，其移动较小，利于安全；④ 当工作面推过 $333^\#$ 铁塔后，其位移转向，朝向工作面中部，使 $333^\#$ ～ $334^\#$ 之间线路松弛，有利于安全。⑤ $334^\#$ 铁塔位于工作面的停采线附近，位移较小，对线路的安全运行有利。

（1）铁塔倾斜的逆向预测分析

由于对高压线路铁塔稳定的主要影响为倾斜度，为此需要用概率积分法预测 $4^\#$ 和 $5^\#$ 煤层开采的最大倾斜参数。

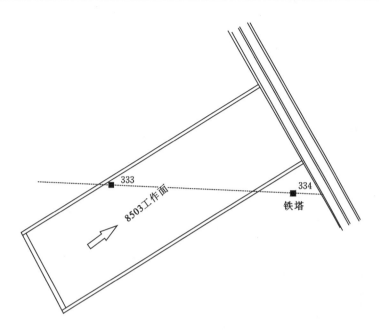

图 3-14　高压线路斜穿工作面布置

如图 3-15 所示,8503 工作面开采经过 $333^{\#}$ 和 $334^{\#}$ 铁塔时,相当于半无限空间开采情况。此时,在开采推进的走向主断面上,山区开采的最大倾斜为:

$$i_{(x)} = i_{1(x)} + f(i_{(x)})i_{1\max} \cdot \tan^2 \alpha \qquad (3\text{-}49)$$

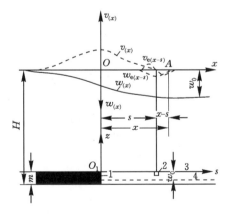

图 3-15　半无限空间开采时地表移动分析

上式中有:

$$i_{(x)} = \frac{W_{1\max}}{r} e^{-\pi\left(\frac{x}{r}\right)^2} \tag{3-50}$$

$$i_{1\max} = \frac{W_{1\max}}{r} \tag{3-51}$$

故有：

$$i_{(x)} = \frac{W_{1\max}}{r}\left[e^{-\pi\left(\frac{x}{r}\right)^2} + f(i_{(x)}) \cdot \tan^2\alpha\right] \tag{3-52}$$

式中　α——地面坡角，(°)；

　　　r——移动影响半径，m；

　　　$W_{1\max}$——平地的相同采矿条件的最大下沉值，m；

　　　$f(i_{(x)})$——与采矿地质条件有关的倾斜函数(系数)。

对于焦煤矿地质采矿条件，为近水平煤层(倾角 α_0 为 4°)，煤厚 9.33 m，综放开采下沉系数 $q=0.75$，按照 85% 的煤层采出率计算，则采出厚度约为 $m=7.93$ m；若主要影响角为 63°，则其正切为 $\tan\beta=1.96$，则

影响半径 $r = H\cot\beta = 326.25\cot 63° = 166.23$ m

最大下沉值 $W_{1\max} = qm\cos\alpha_0 = 0.75\times 7.93\cos 4° = 5.933$ m

为此，可求得 $W_{1\max}/r = 0.035\,7$。

8503 工作面上方的高压铁塔参数见表 3-3。

表 3-3　　　　　　　　　8503 工作面上方的高压铁塔参数

名称	塔型	塔高/m	呼称高度/m	塔重/kg	塔处标高/m	线路档距 L/m
高压铁塔 1(332)	酒杯型直线塔	42	37	15 795	1 409.50	315
高压铁塔 2(333)	酒杯型直线塔	42	37	15 795	1 416.8	315
高压铁塔 3(334)	酒杯型直线塔	42	37	15 795	1 421.95	315

地表沿走向的坡角 $\alpha = 21.22°$，经查文献，在 $x=0$ 时可得倾斜影响系数 $f(i_{(0)}) = 0.996$，有关所有参数代入式(3-52)，则此时 4# 煤综放开采的地表最大倾斜为：

$$i_{(x)\max} = 0.035\,7[1 + 0.996 \cdot \tan^2 21.22°] \approx 0.041\,0$$

此处计算的为走向主剖面上的最大倾斜，但因 333# 铁塔距工作面中线的距离较远(66 m)，如按照线性折减方法，可大致求得 333# 铁塔在走向方向的最大倾斜为：

$$i_{333\,m} = 9\times 0.041/75 \approx 0.005$$

依据表 3-2 的安全标准，因 333# 铁塔的倾斜约为 0.5%，小于 1%，为此按照电力运行标准其 4# 煤采用综放开采，线路处于安全运行状态。按照本书线路

拉紧或拉断的评判标准,杆塔倾斜度为 3.3% 以内是安全的,因此认为 4# 煤层综放开采其地面供电线路的运行可以保证倾斜度安全。

(2) 地表铁塔水平移动的逆向预测分析

对于线路的水平变形而言,有:

$$U_{(x)} = U_{1(x)} + f(U_x)W_{1\max}\tan\alpha = U_{1(x)} + \frac{1}{b}f(U_x)U_{1\max}\tan\alpha \quad (3\text{-}53)$$

但 $U_{1(x)} = U_{1\max}e^{-\pi\left(\frac{x}{r}\right)^2}$, $U_{1\max} = b \cdot W_{1\max}$,则有:

$$U_{(x)} = U_{1\max}e^{-\pi\left(\frac{x}{r}\right)^2} + f(U_x)W_{1\max}\tan\alpha \quad (3\text{-}54)$$

依据大同矿区岩移观测资料,可取水平移动系数 $b = 0.22$,在水平变形最大时,有 $x = 0$, $f(U_x) = 0.832$,同样可求得山区开采主剖面上地面的水平移动最大值为 3.222 m。

由此,可换算出在 333# 铁塔位置沿走向的最大水平位移为 0.387 m,即为 387 mm。

依据前面的水平变形安全评判条件,$u_x < 1\,208$ mm 线路运行安全,因其为 387 mm,小于拉紧的临界值,因此 4# 煤开采时地表 333 铁塔是安全的。

(3) 基于水平变形(ε)的地表铁塔基础根开变形允许值的逆向预测

在山区开采地表移动过程中,其水平变形预测公式为:

$$\varepsilon_{(x)} = \varepsilon_{1(x)} + \frac{0.66}{b}F(\varepsilon_x) \cdot \varepsilon_{1\max} \cdot \tan\alpha_0 \quad (3\text{-}55)$$

但 $\varepsilon_{1(x)} = 2\pi b \dfrac{W_{1\max}}{r}\left(-\dfrac{x}{r}\right)e^{-\pi\left(\frac{x}{r}\right)^2}$

一般最大水平变形的位置为 $x \approx \pm 0.4r$,则其最大水平变形为:

$$\varepsilon_{1\max} = \mp 1.52\frac{bW_{\max}}{r} \quad (3\text{-}56)$$

因水平变形的影响,主要考虑线路铁塔分列基础的根开变形允许值,则在拉伸区为正,压缩区为负,仅考虑拉伸区($x \approx -0.4r$)的情形,会更加偏于安全,基于焦煤矿 4# 煤层的开采地质条件,可求得 $\varepsilon_{1\max} = 11.94$ mm/m,因 $F(\varepsilon_x) = 0.698$,注意到在最大水平变形位置($x \approx -0.4r$)时,有 $\varepsilon_1(x) = \varepsilon_{1\max}$,则此时水平变形为 $\varepsilon_{1(-0.4r)} = 22.04$ mm/m。

依据 8503 工作面地面线路铁塔的实际位置,估算其最大水平变形应为 $\varepsilon_{333} = 2.64$ mm/m 为此线路铁塔的根开变形为 15.87 mm,小于规定值 24 mm,因此线路铁塔基础是安全的。

(4) 4# 煤层综放开采时,地表变形对线路运行状态影响的综合预测

如前所述,因 333# 和 334# 铁塔沿工作面推进方向的距离为 272.798 m,大

于 4# 和 5# 煤开采的地表沉陷影响半径(166.23 m 和 185.269 m),因此可仅考虑单个铁塔的移动变形对线路运行的安全影响。从前面的分析,线路铁塔的倾斜的影响是最主要的,水平移动是第二位的,为此以铁塔恰好位于地表移动拐点位置的最困难状态为例,预测评价线路的安全状态。

此时,对 4# 煤层开采,因 333# 铁塔位置的垂直下沉为,水平移动为最大倾斜为此时 334# 铁塔无移动,故有注意到变形前因此依据线路拉紧的安全预测公式,有:

$$L''_n = \sqrt{[\Delta x + \Delta u_x + h(\frac{i_{A1} \cdot u_{x1}}{\sqrt{u_{x1}^2 + u_{y1}^2}} - \frac{i_{B2} \cdot u_{x2}}{\sqrt{u_{x2}^2 + u_{y2}^2}})]^2 +}$$

$$\sqrt{[\Delta y + \Delta u_y + h(\frac{i_{A1} \cdot u_{y1}}{\sqrt{u_{x1}^2 + u_{y1}^2}} - \frac{i_{B2} \cdot u_{y2}}{\sqrt{u_{x2}^2 + u_{y2}^2}})]^2 +}$$

$$\sqrt{[\Delta z + \Delta w_z + h(\cos \beta_1 - \cos \beta_1)]^2}$$

$$= \sqrt{[272.798 + 0.387 + 37 \times 0.005]^2 + 157.5^2 +}$$

$$\sqrt{[-5.15 - 0.356 + 37 \times (0.999\,999 - 1)]^2}$$

$$= 315.544 \text{ m} < D = 316.250 \text{ m}$$

因此,4# 煤综放开采时,在最大倾斜、水平位移情况下,线路并未拉紧,处于安全运行状态。

3.3.2.2　5# 煤层综放开采地表移动变形的逆向预测

(1) 地表铁塔倾斜的逆向预测分析

对于焦煤矿 5# 煤层开采,因其厚度均值为 7.76 m,开采深度平均为 363.61 m,若仍用综放开采,工作面布置以及与线路的方向相同,则按照相同的设定并用概率预计方法,则最大下沉为 10.868 m,影响半径为 185.269 m,最后可得 333# 铁塔的倾斜为 0.008,即为 0.8%,同样小于 1%,因此焦煤矿 5# 综放开采后,地面供电线路在铁塔倾斜方面同样是安全的。

(2) 地表铁塔水平移动的逆向预测分析

5# 煤开采时,按照相同的分析方法,主剖面上的最大水平位移为 6.066 m,333# 铁塔的最大水平变形为 0.728 m,即为 728 mm。因此,焦煤矿 5# 煤层综放开采时,从地表水平移动的角度判断,其 333# 铁塔是安全的。

(3) 基于水平变形(ε)的地表铁塔基础根开变形允许值的逆向预测

基于焦煤矿 5# 煤层的开采地质条件,可求得 $\varepsilon_{1max} = 19.62$ mm/m,因 $F(\varepsilon_x) = 0.698$,注意到在最大水平变形位置($x \approx -0.4r$ 时),有 $\varepsilon_1(x) = \varepsilon_{1max}$,则此时水平变形为 $\varepsilon_{1(-0.4r)} = 36.21$ mm/m。

依据工作面地面线路铁塔的实际位置,5# 煤层与 4# 煤层相同布置时,估算其最大水平变形应为此线路铁塔的根开变形为 26.07 mm,大于规定值 24 mm,但与规定允许值基本相当,因此 5$^\#$ 煤层仍应用综放开采时,从基础根开变形允许值角度而言,地面线路铁塔基础是临界安全状态。

(4) 5$^\#$ 煤层综放开采时,地表变形对线路运行状态影响的综合预测

对 5$^\#$ 煤层开采,因 333$^\#$ 铁塔位置垂直下沉为 $w_{z1} = 652$ mm,水平移动为 $u_{x1} = 728$ mm,$u_{y1} = 0$,最大倾斜为 $i_1 = 0.008$ 此时 334$^\#$ 铁塔无移动,故有 $w_{z2} = u_{x2} = u_{y2} = i_2 = 0$,注意到变形前 $\Delta x = 272.798$ m,$\Delta y = 157.5$ m,$\Delta z = 5.15$ m,因此依据线路拉紧的安全预测公式,有:

$$
\begin{aligned}
L''_n = &\sqrt{[\Delta x + \Delta u_x + h(\frac{i_{A1} \cdot u_{x1}}{\sqrt{u_{x1}^2 + u_{y1}^2}} - \frac{i_{B2} \cdot u_{x2}}{\sqrt{u_{x2}^2 + u_{y2}^2}})]^2 +} \\
&\sqrt{[\Delta y + \Delta u_y + h(\frac{i_{A1} \cdot u_{y1}}{\sqrt{u_{x1}^2 + u_{y1}^2}} - \frac{i_{B2} \cdot u_{y2}}{\sqrt{u_{x2}^2 + u_{y2}^2}})]^2 +} \\
&\sqrt{[\Delta z + \Delta w_z + h(\cos\beta_1 - \cos\beta_1)]^2} \\
= &\sqrt{[272.798 + 0.728 + 37 \times 0.008]^2 + 157.5^2 +} \\
&\sqrt{[-5.15 - 0.652 + 37 \times (0.999\,999 - 1)]^2} \\
= &315.94 \text{ m} < D = 316.250 \text{ m}
\end{aligned}
$$

因此,5$^\#$ 煤综放开采时,在最大倾斜、水平位移情况下,线路并未拉紧,约有 309 mm 的导线余量,其处于安全运行状态。

3.3.2.3　焦煤矿上部两层厚煤层综放开采地表移动的线路稳定性综合评价结果

依据以上两节基于概率积分法的山区地表移动理论的详细预测分析,可以得出焦煤矿 4$^\#$、5$^\#$ 煤层综放开采地表移动情况下的高压供电线路的评价结果,见表 3-4。

表 3-4　焦煤矿 4$^\#$、5$^\#$ 煤综放地表移动的高压供电线路的安全影响评价结果汇总

煤层及采煤法		预测评价项目					备注
		倾斜	水平变形 /mm	水平移动 /mm	综合评价Ⅰ	综合评价Ⅱ	
4$^\#$煤综放开采	临界值	1%	24	1 208	线路安全	L(315.544 m)< D(316.250 m),线路安全	水平变形转换为基础根开的允许变形值,评价Ⅰ由单项而来,评价Ⅱ由综合公式而来
	预测值	0.5%	15.87	387			
	安全性	安全	安全	安全			
5$^\#$煤综放开采	临界值	1%	24	1 208	线路安全	L(315.94 m)< D(316.250 m),线路安全	
	预测值	0.8%	26.1	728			
	安全性	安全	临界安全	安全			

由表 3-4 可见,4$^\#$煤层综放开采时,无论是铁塔的倾斜、水平变形以及水平移动的量值,均在线路安全范围内,地表高压供电线路安全;考虑地表移动的综合位移影响时,线路运行同样为安全状态。

5$^\#$煤层综放开采时,铁塔的倾斜及水平移动的量值,处于安全范围内;而水平变形即铁塔基础的根开误差允许值,稍有超限,处于临界安全状态,综合研究认为地表高压供电线路安全;在考虑地表移动的综合位移影响时,线路运行为安全状态。

3.4　本章小结

通过本章的研究,主要有如下研究结论:

(1) 分析了煤层开采的地表下沉、水平移动及倾斜等因素对供电线路的运行影响,得出倾斜是第一位的影响因素,水平移动和变形是第二位的因素,而下沉是第三位的影响因素。

(2) 焦煤矿地面供电线路,供电线路与开采方向平行时,线路的安全运行最受影响,其仅发生倾斜时安全的地表(铁塔)倾斜角应为 1.871°,拉断的临界倾斜角应为 3.623°,杆塔倾斜度分别为 3.3% 和 6.3%,比电力部门规定标准值大 2.3 和 5.3 倍;仅水平移动时,线路运行安全的水平移动应小于 1 208 mm,拉断的水平位移临界值大于 2 308 mm;仅垂直下沉时,安全运行的下沉值小于 22 940 mm;拉断的下沉值为 33 645 mm。

存在综合(水平、垂直)位移时,影响安全运行的条件为:

$$D \leqslant \sqrt{(L + u_x + h\sin\theta_1)^2 + [\Delta h + w_z + h(1 - \cos\theta_1)]^2}$$

线路拉断的条件为:

$$D \leqslant \sqrt{(L + u_x + h\sin\theta_2)^2 + [\Delta h + w_z + h(1 - \cos\theta_2)]^2} - \delta$$

(3) 供电线路与工作面开采方向垂直时,仅水平位移和垂直下沉的影响较小,地表倾斜的变化对铁塔的影响,与平行时的临界参数相同。

存在综合(水平、垂直)位移时,影响线路安全运行的条件为:

$$D \leqslant \sqrt{\left[\Delta u_x + h\left(\frac{i_{A1} \cdot u_{x1}}{\sqrt{u_{x1}^2 + u_{y1}^2}} - \frac{i_{B2} \cdot u_{x2}}{\sqrt{u_{x2}^2 + u_{y2}^2}}\right)\right]^2 + }$$

$$\sqrt{\left[L + \Delta u_y + h\left(\frac{-i_{A1} \cdot u_{y1}}{\sqrt{u_{x1}^2 + u_{y1}^2}} - \frac{i_{B2} \cdot u_{y2}}{\sqrt{u_{x2}^2 + u_{y2}^2}}\right)\right]^2 + }$$

$$\sqrt{[\Delta h + \Delta w_z + h(\cos\beta_1 - ocs\,\beta_2)]^2}$$

线路拉断的条件为:

$$D \leqslant \sqrt{[\Delta u_x + h(\dfrac{i_{A1} \cdot u_{x1}}{\sqrt{u_{x1}^2 + u_{y1}^2}} - \dfrac{i_{B2} \cdot u_{x2}}{\sqrt{u_{x2}^2 + u_{y2}^2}})]^2 +}$$

$$\sqrt{[L + \Delta u_y + h(\dfrac{-i_{A1} \cdot u_{y1}}{\sqrt{u_{x1}^2 + u_{y1}^2}} - \dfrac{i_{B2} \cdot u_{y2}}{\sqrt{u_{x2}^2 + u_{y2}^2}})]^2 +}$$

$$\sqrt{[\Delta h + \Delta w_z + h(\cos \beta_1 - \text{ocs} \, \beta_2)]^2} - \delta$$

（4）在线路与工作面开采方向斜交时，两铁塔存在高差且为任意不等位移时，其线路拉紧的临界安全条件为：

$$D \leqslant \sqrt{[\Delta x + \Delta u_x + h(\dfrac{i_{A1} \cdot u_{x1}}{\sqrt{u_{x1}^2 + u_{y1}^2}} - \dfrac{i_{B2} \cdot u_{x2}}{\sqrt{u_{x2}^2 + u_{y2}^2}})]^2 +}$$

$$\sqrt{[\Delta y + \Delta u_y + h(\dfrac{-i_{A1} \cdot u_{y1}}{\sqrt{u_{x1}^2 + u_{y1}^2}} - \dfrac{i_{B2} \cdot u_{y2}}{\sqrt{u_{x2}^2 + u_{y2}^2}})]^2 +}$$

$$\sqrt{[\Delta z + \Delta w_z + h(\cos \beta_1 - \text{ocs} \, \beta_2)]^2}$$

线路拉断的临界条件为：

$$D + \delta \leqslant \sqrt{[\Delta x + \Delta u_x + h(\dfrac{i_{A1} \cdot u_{x1}}{\sqrt{u_{x1}^2 + u_{y1}^2}} - \dfrac{i_{B2} \cdot u_{x2}}{\sqrt{u_{x2}^2 + u_{y2}^2}})]^2 +}$$

$$\sqrt{[\Delta y + \Delta u_y + h(\dfrac{-i_{A1} \cdot u_{y1}}{\sqrt{u_{x1}^2 + u_{y1}^2}} - \dfrac{i_{B2} \cdot u_{y2}}{\sqrt{u_{x2}^2 + u_{y2}^2}})]^2 +}$$

$$\sqrt{[\Delta z + \Delta w_z + h(\cos \beta_1 - \text{ocs} \, \beta_2)]^2}$$

（5）开采地表沉陷与供电线路安全运行及布置匹配的内在关系为：线路与工作面开采方向平行时，地表沉陷对线路的安全运行影响较大；线路与工作面开采方向正交时，地表沉陷对线路的安全运行影响较小，易于维持正常的运行状态；地表倾斜比水平和垂直位移对线路的安全运行影响大，水平位移比垂直下沉的影响大；存在地面高差时，低塔的移动变形要比高塔影响大；地表沉陷时，存在高差的供电线路要比等高线路的安全运行影响程度高。

（6）按照目前的工作面布置及线路匹配关系，4$^\#$ 和 5$^\#$ 煤采用综放开采可保证地面供电线路的安全运行状态。

4$^\#$ 煤层综放开采时，无论是铁塔的倾斜、水平变形以及水平移动的量值，均在线路安全范围内，地表高压供电线路安全；考虑地表移动的综合位移影响时，线路运行同样为安全状态。

5$^\#$ 煤层综放开采时，铁塔的倾斜及水平移动的量值，处于安全范围内；而水平变形即铁塔基础的根开误差允许值，稍有超限，处于临界安全状态，综合研究认为地表高压供电线路安全；在考虑地表移动的综合位移影响时，线路运行为安全状态。

第4章 焦煤矿多煤层开采
地表移动规律研究

开采煤层群时,不仅要研究煤层的顶底板,还需要研究各煤层之间的岩层。在回采过程中,各煤层上覆岩层由于地应力初始值、应力应变状态不同,导致覆岩各区域变形、各项位移和稳定性不同。在本章中,建立多煤层开采的覆岩移动模拟模型,设计不同开采方案,研究顶底板及地表的应力应变分布情况,不同开采技术条件下形成的采空区对地表的影响,通过对模拟出的应力场、位移场的以及岩层的塑性区情况对比,分析不同开采方案对保护供电铁塔的有效性。

4.1 多煤层开采地表移动规律的数值模拟流程

根据焦煤矿所在矿区的钻孔资料,结合焦煤矿的地质条件以及地表建筑物分布情况和 $4^\#$ 煤开采技术条件,模拟多煤层开采地表沉陷移动规律,需要完成以下内容:① 模拟 $4^\#$、$5^\#$、$8^\#$ 和 $9^\#$ 煤层的顶底板岩层以及上覆岩层;② 选择煤层、岩层以及充填材料的技术参数;③ 模拟 $4^\#$、$5^\#$、$8^\#$ 和 $9^\#$ 煤层的回采过程以及采空区;④ 监测回采过程以及充填过程中应力应变等参数;⑤ 分析监测结果,对多煤层回采过程中地表变形移动规律以及覆岩移动变形进行分析。数值模拟流程图见图 4-1。

4.2 焦煤矿多煤层开采地表移动的数值模拟模型

根据焦煤矿的地质资料,可开采煤层属于近水平煤层,倾角为 4°左右。在模拟过程中,根据钻孔地质图进行简化,将煤层作为水平煤层进行处理。在本次数值模拟中,主要研究井下多煤层开采引起沉陷对供电铁塔和供电线路的影响,所以选定铁塔和线路所在特定区域为研究对象,通过测量,该区域的范围大小为 1 000 m×300 m×387 m,对选定区域进行处理,分析地表移动变化规律以及选定的开采方案,工作面推进方向、充填方式以及条带留设方式对地表沉陷的影响。所以在 X 方向上取 1 000 m,在 Y 方向上取 300 m,在 Z 方向上取 387 m,

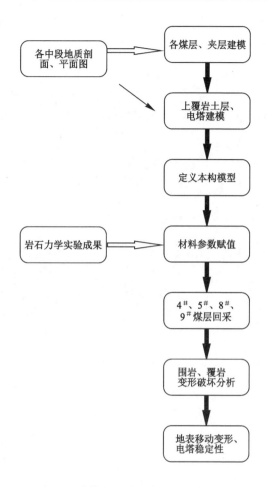

图 4-1　多煤层开采地表移动的模拟流程

模型共划分为 41 000 个单元,44 982 个节点。根据实际开采条件,4# 煤层埋深为 320 m,厚度为 9.77 m,其余 5#、8#、9# 的煤层厚度为 7.22 m、4 m、2 m,9# 煤层比模型底部高出 30 m,煤层的层间距为 11～65 m,主要岩性为泥岩、砂质泥岩和细砂岩等。具体模拟过程如下:首先,模拟初始地应力场,即所有煤岩层处于原始应力状态;然后,模拟 4# 煤开采情况,每步开挖 50 m,模拟工作面回采过程中,岩层应力应变情况。在实际开采过程中,受不断开采的影响,顶板悬露面积越来越大,直接顶直接垮落,冒落的矸石充满采空区可以对顶板起到一定的支撑作用,通过将模型采空区设定一定强度来代替冒落矸石的支撑作用。本次模拟主要是为了研究开采煤层覆岩破坏情况以及地表移动变形规律,沿 X 轴和 Y 轴方向将监测点布置在地表和采场覆岩,记录各点的应力应变情况,通过分析监测点数据,为回采推进方向、条带布置方式等对地表的影响,从而简化建模,取得与实际较为接近的结果。图 4-2 为建立的模型。

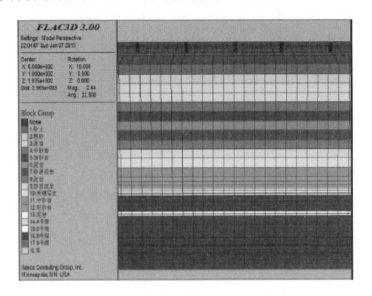

图 4-2　多煤层开采地表移动模拟模型及单元网格

根据实际模拟对象,结合焦煤矿实际开采条件,确定以下条件为模型边界条件:① 在模型的四周施加水平位移约束,初始位移状态为零;② 模型顶部设置为自由边界。考虑到供电线路基本位于同一水平线,落差为 5 m 左右,按照平地移动处理模拟问题处理。

4.3　多煤层开采地表移动规律的数值模拟研究

4.3.1　各煤层开采方案及开采技术参数设计

合理的开采方法对于建设高产高效矿井至关重要。在选择开采方法时,需要综合考虑矿井地质条件、煤层产状以及顶底板岩性等情况。

焦煤矿所采煤层属于近水平煤层,煤层赋存稳定,没有较大的起伏变化和地质构造,各地层倾角大约 5°。可采煤层埋藏最浅的为 240 m,埋藏最深的约为 350 m。根据矿井地质报告,各煤层具有自燃性,矿井瓦斯含量低,属于低瓦斯矿井。井田内厚煤层含有 1~13 层夹矸,结构复杂,主要岩性为砂质泥岩。

井田内 4# 煤为首采煤层,最厚处为 10.93 m,最薄处为 6.45 m,该煤层局部

地区含有 2.26~4.44 m 厚的夹矸,实际可采厚度 3.52~8.94 m;5# 煤厚度变化
范围较大,最厚处为 16.39 m,最薄处为 2.26 m。在实际选择开采方法时,4# 煤
层采用综采放顶煤开采,综放开采技术成熟,可以适应煤层厚度变化,有利于实
现高产高效开采,可以降低矿井生产成本,提高效益。焦煤矿井田和平朔矿区邻
近,煤层平均埋深比其深 100~200 m,煤质较软,顶底板条件相似,与其类比,借
鉴邻近矿区生产经验,采用综放开采回采 4# 和 5# 煤层,工作面长度为 150 m。
在本次数值模拟中,4# 煤层沿底板布置长壁工作面,采高为 3 m;5# 煤沿底板布
置长壁工作面,采高为 4 m,按照 1:1 的采放比放顶煤。模拟时,工作面沿 Y 轴
方向布置 150 m,在 X=100 m 位置处开始回采,X=900 m 时停止,共推进 800
m。8# 煤层平均厚度为 4.43 m,最厚处约为 11.48 m;9# 煤层平均厚度为 2.06
m,最厚处约为 5.25 m。8#、9# 煤层中在布置靠近供电线路的工作面时,选用条
带开采,留设条带煤柱宽度为 50 m。

　　在设计焦煤矿的多煤层联合开采方案时,有以下三种方案:① 4# 煤、5# 煤
层综放开采,8# 煤、9# 煤层倾斜条带开采;② 4# 煤综放开采,并对采空区充填,
5# 煤层、8# 煤层、9# 煤层条带开采;③ 4# 煤综放开采,5# 煤层、8# 煤层、9# 煤层
条带开采,并对个煤层采空区充填。表 4-1 为具体的技术参数。

表 4-1　　　　　　　　焦煤矿多煤层地表移动模拟的开采组合方案

方案	4# 煤层	5# 煤层	8# 煤层	9# 煤层	备注
方案一	综放开采	综放开采	倾斜条带开采	倾斜条带开采	综放面长 150~180 m
方案二	综放全充	走向条带开采	倾斜条带开采	倾斜条带开采	条带开采,采 50 m,留 50 m
方案三	综放全充	条带充填开采	条带充填开采	条带充填开采	条带开采,采 50 m,充 50 m

4.3.2　多煤层开采覆岩及地表移动规律的数值模拟分析

4.3.2.1　4# 煤层综放开采覆岩与地表移动模拟结果分析

（1）4# 煤层采场覆岩移动规律的模拟结果分析

　　4# 煤层采用综采放顶煤开采方式进行开采,开采后形成的岩层下沉位移云
图见图 4-3,图中不同的颜色代表下沉值范围不同。4# 煤层开采时,随着工作面
的推进,采空区面积越来越大,直接顶在自重及上部岩层的压力下发生破断,进
而垮落。随着直接顶的垮落,基本顶回转失稳,向采空区一侧下沉,逐渐失去平
衡发生垮落。工作面不断向前推进,采空区上方的顶板岩层向上破坏,甚至可能
出现顶板关键层的破坏。根据数值模拟云图结果,采空区顶板岩层垂直位移呈
拱形等值线分布,见图 4-3。工作面向前推进 30 m,垂直位移最大值出现在采空

区中部顶板岩层中,顶板岩层向上 17 m 的岩层都有垂直位移,此时直接顶已破坏垮落,基本顶出现裂隙。工作面向前推进 60 m 时,采空区顶板移动变形范围变大,垂直位移最大值增大,顶板岩层向上 30 m 的岩层都有垂直位移,此时基本顶发生垮落。工作面向前推进 100 m 时,采空区顶板岩层向上 65 m 的岩层都有垂直位移,岩层的移动变形范围继续扩大,根据焦煤矿 $4^{\#}$ 煤层埋藏深度,采空区上方岩层的移动还未传递到地表。工作面向前推进 200 m 时,采空区岩层移动变形破坏向上已传递至地表,地表最大下沉量仅为 20 mm,开采对地表的影响还很小,地表也没形成开采沉陷盆地。工作面继续不断推进,采空区面积不断增大,采空区上覆岩层移动变形不断向地表传递,地表的移动变形范围也不断增大,而此时一部分接近采空区的上覆顶板岩层垂直位移值已不再变化,说明这部分岩层已压实,但其上部岩层还继续向下沉降。随着工作面继续推进,处于充分采动时,地表形成完整的开采下沉盆地,地表最大下沉值位于下沉盆地中央区域。

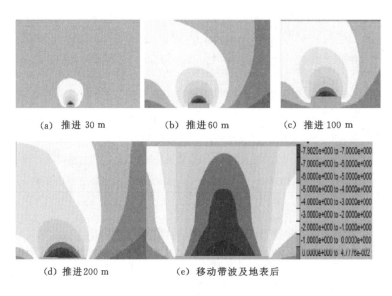

(a) 推进 30 m   (b) 推进 60 m   (c) 推进 100 m

(d) 推进 200 m   (e) 移动带波及地表后

图 4-3 $4^{\#}$ 煤层综放开采不同推进距离的覆岩移动模拟结果

(2) $4^{\#}$ 煤层开采地表移动规律的模拟结果分析

$4^{\#}$ 煤层采用综采放顶煤开采形成的地表移动变形形态,见图 4-4。从图中可以看出,当工作面推进到 210 m 左右时,地表出现了移动变形值,说明采动影响已传递至地表,地表最大下沉量仅 20 mm,之后随工作面继续推进,地表受到采动影响范围越来越大,逐渐形成完整的开采沉陷盆地。根据 $4^{\#}$ 煤层模拟开采工作面长 150 m,向前推进 800 m,在整个开采完成后,采空区位置与地表形成的开采沉陷盆地位置相对应,最大沉降区域呈条形分布,地表最大下沉量超过了 3 m。因此,当 4# 煤层采用综采放顶煤顶板全部垮落开采,采空区不充填处理时,采动影响使地表移动变形严重,地表的移动变形值可能已经超过了一般建(构)筑物的允许范围,对地表建筑物造成严重危害。地表水平位移带近似圆形,左右两个移动带呈对称分布,地表水平移动最大值为 0.675 m,在采空区边缘煤柱对应的地表下沉盆地处的下沉值的变化大。根据计算,地表下沉系数为 0.53,地表移动变形较大,高压铁塔出现倾斜。

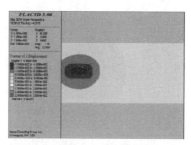

(a) 4# 煤回采移动带波及地表之初竖直位移云图

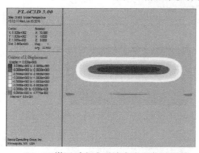

(b) 4# 煤回采完成后地表水平位移云图

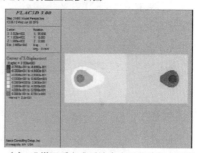

(c) 4# 煤回采完成后地表水平移动状态云图

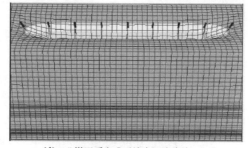

(d) 4# 煤回采完成后地表沉陷盆地

图 4-4　4# 煤层综放开采地表移动模拟结果

4.3.2.2 5#煤层综放开采覆岩与地表移动模拟结果分析

5#煤层采用综采放顶煤开采方式进行开采,将工作面推进 800 m 后,形成如图 4-5 的地表移动形态。开采后采空区顶板岩层移动,中部的下沉量最大,逐渐向两边递减。岩层移动逐渐向上传递至地表,形成开采沉陷盆地。地表的水平移动是由于岩层向采空区移动形成的,水平位移的最大值出现在采空区边缘

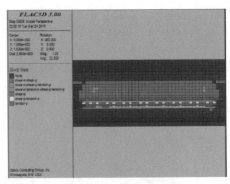

(a) 5#煤回采完成后围岩塑性状态

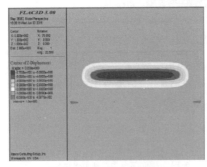

(b) 5#煤回采完成后地表垂直位移云图

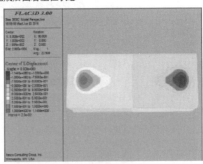

(c) 5#煤回采完成后地表水平位移云图

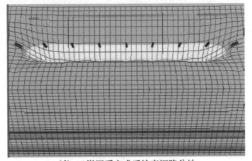

(d) 5#煤回采完成后地表沉陷盆地

图 4-5 5#煤层综放开采地表移动模拟结果

外,最小值在采空区中心。5#煤层开采后,岩层移动变形破坏已经波及关键层,导致关键层破坏,以至地表下沉加剧,地表最大下沉值达到了 5.753 m,比上层煤开采增大 2.515 m,采动对地表影响增加,地表形成了完整的呈椭圆形的开采沉陷盆地,沉陷范围继续扩大。开采后的采空区位置与地表形成的开采沉陷盆地相对应,最大沉降区域呈条形分布。当 5#煤层开采时,采空区顶板也不进行充填处理,顶板垮落导致地表移动变形极大。开采完成后,地表最大下沉值超过了 5.7 m,此时,地表遭到严重破坏,高压铁塔模型已经倾倒。由于 5#煤开采,地表受到二次采动影响,地表水平移动区域向采空区中部进行扩展,移动带的形状也由原来的扁圆形变成了带尖状移动带,左右两个移动带呈对称分布,地表水平移动最大值比上层煤开采时增大了 0.469 m,达到了 1.144 m。

4.3.2.3　8#煤层条带开采后覆岩与地表移动的模拟结果分析

8#煤层采用采一条、留一条的倾向条带开采方式进行开采,由于开采条带宽度和条带煤柱宽度直接影响开采后地表移动变形,8#煤采用采宽 50 m、条带煤柱 50 m 的开采方式进行开采。图 4-6 为 8#煤条带开采后的地表移动模拟结果。

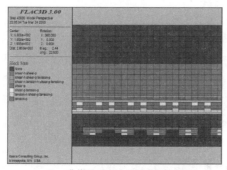
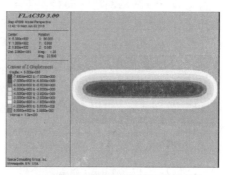

(a) 8#煤回采完成后围岩塑性状态　　　　(b) 8#煤回采完成后地表竖向位移云图

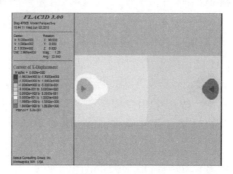

(c) 8#煤回采完成后地表水平位移云图

图 4-6　8#煤层条带开采后地表移动模拟结果

合理的开采条带宽度,应能满足煤层开采后,地表不出现台阶下沉,形成平缓的开采沉陷盆地,地表的最大移动变形值不引起地表建(构)筑物的破坏,达到有效保护地表建筑物的目的。而条带煤柱留设宽度应具有足够的承载能力,起到条带开采后支撑顶板的作用。根据 4-6 的模拟结果可以看出,与综采放顶煤开采方式相比,地表下沉量明显减小。条带开采后,留设煤柱承载了上覆岩层的压力,起到了支撑顶板的作用。煤柱受到的载荷会传递至下部岩层,使下部岩层产生应力集中,同时,通过承载减小上部岩层的移动,有效减小地表的移动变形。8# 煤层开采后,地表最大下沉值达到了 7.93 m,比 5# 煤层开采后增大了 2.23 m,地表形成了完整的呈椭圆形的开采沉陷盆地,沉陷范围明显扩大。开采后的采空区位置与地表开采沉陷盆地相对应,最大沉降区域呈条形分布。与综采放顶煤开采相比,采用条带开采有一定的减沉效果,但在 5# 煤层开采时已对上部关键层造成了破坏,因此在 8# 煤层开采时未对上部岩层起到有效的支撑作用,使地表产生了 2.23 m 的下沉。根据地表水平位移云图,地表水平移动区域逐渐向采空区方向移动,水平移动带的范围进一步扩大。总体上看,地表水平位移云图上的左右两侧葫芦状的移动带呈现对称分布,地表水平移动最大值比 5# 煤层开采后增大了 0.419 m,达到了 1.563 m。

4.3.2.4 9# 煤层条带开采后覆岩与地表移动的模拟结果分析

9# 煤层也采用采 50 m、留 50 m 煤柱,采一条留一条的条带开采方式进行开采,开采几个条带后,模拟形成的围岩塑性区、地表垂直位移云图、地表水平移位移云图,见图 4-7。煤层上部岩层下沉量从条带煤柱的边缘到中心不断减小,在煤柱中心下沉值最小,每个条带煤柱都对顶板起着支撑作用,有效减小了上覆岩层的下沉。根据采空区上覆各岩层及地表下沉量,可得出开采条带采空区上方岩层从煤层顶板到地表,下沉量不断减小,而留设煤柱上方岩层的下沉值向上是不断叠加的,但下沉值达到存在托板的位置时,开采条带和条带煤柱上方岩层出现同步下沉。此时的下沉波浪消失,地表出现均匀移动变形。9# 煤层条带开采后,地表的最大下沉值明显增加,达到了 10.787 m,比 8# 煤层开采后增加了 2.77 m。地表水平移动云图上的水平移动带进一步加大,左右两侧葫芦状的移动带还是呈现对称分布,地表水平移动最大值比 8# 煤层开采后增加了 0.592 m,达到了 2.092 m。9# 煤层采用倾向条带开采后,由于开采条带与条带煤柱上方岩层出现同步下沉,地表未出现台阶下沉,表现为整体均匀沉陷盆地。

根据焦煤矿各煤层开采分析,随着采出煤层的厚度不断增大,地表下沉值不断增大,地表形成的开采沉陷盆地影响范围也不断扩大,地表最大下沉值出现在采空区中部。通过对各煤层开采后的水平移动等值线图的对比分析,发现受采动影响的水平移动值变化率随开采深度的增大而增加,水平移动区域为中心对

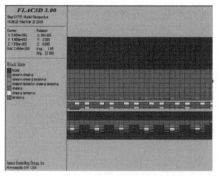
（a）9#煤回采完成后围岩塑性状态

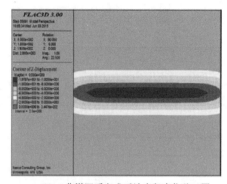
（b）9#煤回采完成后地表竖直位移云图

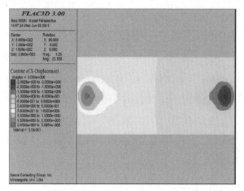
（c）9#煤回采完成后地表水平位移云图

图 4-7　9#煤层条带开采地表移动模拟结果

称分布，上覆岩层水平移动值呈现出沿走向先增大后减小的现象。多煤层开采时，地表下沉值表现为随煤层间的间距增大而增加，采用综采放顶煤开采煤层时，应对采空区进行充填处理以减少开采对上部岩层的破坏，同时，减少对地表产生的采动影响。当采用条带进行多煤层开采时，地表下沉值、水平移动值会随采出煤层的宽度增大而增加，在采宽相同时，地表下沉值与煤层间条带煤柱所在位置有关。煤层之间的间距比较小时，随着开采宽度及留设条带煤柱的对齐度的增加，地表下沉值增大。由于焦煤矿 8#、9# 两煤层之间的间距较小，采用条带开采时，应设置合理的开采条带宽度及错距，在保证采出率的基础上，尽可能地加大条带保护煤柱，使开采对上覆岩层的破坏最小，达到最佳的地表减沉效果。

4.4 多煤层充填和常规条带开采地表移动规律的数值模拟研究

当对赋存在上部的煤层采用综放开采且对采空区采用垮落法处理时,地表在垂直方向的位移较大,这时地表输电铁塔和其他辅助构筑将会失去自身的稳定性,这里对采用条带和充填相结合的方法进行开采时地表的位移情况进行研究,并以此为依据对地表输电铁塔和其他构筑的稳定情况进行研究。

因为当对 4# 、5# 煤层采用综放开采并对采空区采用垮落法进行处理后,地表在垂直方向上的最大位移将超过 5 700 mm,这时地表的下沉盆地比较明显,并对地表输电铁塔和其他辅助构筑物的稳定产生一定的破坏,所以这里考虑到当 4# 煤层采空区采用全部充填的方法进行处理与方案一中在没有对煤层采用走向条带开采时地表的位移情况下,模拟 5# 煤层采用走向条带进行开采时的地表位移情况。由于当对 8# 、9# 煤层采用倾向条带开采时可有一定减小地表位移的效果,这里对这两层煤仍然采用倾向条带开采,即每采 50 m 宽的煤层留 50 m 宽的条带,根据对其他煤矿开采所积累的经验,当相邻两层煤层中留设的条带错开时可有一定减小地表位移量的效果,因此本次模拟中 8# 、9# 煤层条带采用错开的方式进行布置。

4.4.1 4# 煤充填回采后地表位移量分析

对赋存在最上部的 4# 煤层采空区用全部充填法处理时,采用煤矸石作为充填材料进行充填,利用数值模拟研究充填后的地表位移情况和煤层上部岩层的运动情况,见图 4-8。分析图 4-8 可知:对 4# 煤层采用综放开采并对采空区采用全部充填方法处理后,煤层上部的直接顶由于受到开采的影响开始产生一定的移动并破坏,此时充填的煤矸石开采支撑上部的岩层载荷,与对采空区采用全部垮落法处理相比,该方法充填后,煤层上部的顶板在采动影响的情况下产生的挠度较小,并大大减小了煤层上部岩层的运动,增大了关键层的稳定性,进而减小了地表在垂直和水平方向上的位移;方案一中对 4# 煤层采空区采用垮落法处理后,随着煤层逐渐开采,煤层上部的岩层运动情况逐渐剧烈,关键层最终失去了自身的稳定性,进而导致地表在垂直方向和水平方向产生较大的位移直至产生明显的下沉盆地。当对 4# 煤层采用随采随填的方法进行回采时,在采空区形成煤柱-充填体-煤壁的支撑载体,这时充填体可有效对其上部的顶板产生支撑作用,上部岩层的运动较小且裂隙带和弯曲下沉带的范围减小,这不但有效减小了地表在垂直方向和水平方向上的位移量,而且由于充填体对上部岩层有一定的支撑作用并减小工作面处的应力集中程度。当对 4# 煤层采用随采随填的方法进行回采后，地表在垂直方向上的位移以及位移速度大大减小，水平位移也相应减小，当对采空区进行全部充填时，地表的下沉系数为 0.009，基岩在垂直方向的位移为 120 mm，直接顶在垂直方向上的位移为 145 mm；不对采空区进行充填时地表的下沉系数为 0.53；水平方向上的位移在下沉盆地中央基本为 0，在外围方向上，水平位移先增大再减小，由此可知，对采空区采用全部充填的方法可有效控制上部远程的运动并减小地表在垂直方向和水平方向上的位移，有效保护了采空区上部关键层的稳定性。

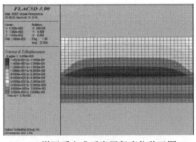

（a）4# 煤回采完成后岩层竖直位移云图

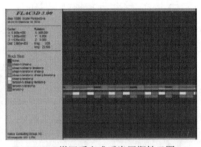

（b）4# 煤回采完成后岩层塑性云图

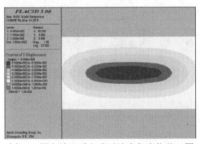

（c）4# 煤充填回采完成后地表竖直位移云图

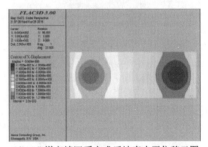

（d）4# 煤充填回采完成后地表水平位移云图

图 4-8　4# 煤综放全充填开采地表移动模拟结果

4.4.2　5# 煤走向条带回采后地表位移量分析

如图 4-9 所示，当采用走向条带的方法对 5# 煤层进行回采时，布置四个宽为 15 m 的走向条带，同时留设煤柱宽度也是 15 m，采用走向条带开采时，可有效减少工作面的搬迁，留设的煤柱条带可有效支撑上部岩层载荷和采动应力，这时煤柱自身的力学性质与采动传递载荷决定留设煤柱条带的稳定性。针对条带煤柱自身稳定性以及承载能力可从条带受载后的弹性区的比率这方面进行判断。对 5# 煤层进行回采后,采空区上部的岩层将会产生相应的压力拱,当采用条带开采时,由于各条带的宽度较小,因此开采条带和留设条带直接产生小压力拱,其中留设条带支撑着上部岩层载荷,因此留设条带自身的稳定性决定了上部岩层与地表的在垂直方向和水平方向上的位移量。当采用条带开采的方式对 5# 煤层进行开采后,受采动影响并产生移动的地表将会增大且其形状为椭圆形,并且在垂直方向上的最大位移量也会随之增大,采用条带开采后地表在垂直方向的位移最大为 155 mm,相应下沉系数为 0.012 5,下沉盆地中部拥有最大垂直位移的区域呈现出长条形且两端有明显的弧形。随着 5# 煤层的开采,虽然受采动影响并产生移动的地表范围以及在垂直方向上的位移量不断增大,但是最大下沉角却不断减小,水平方向上的最大位移量为 32 mm,与方案一中采用综放垮落法比较,采用该方法时地表在垂直方向上的位移大大减小。

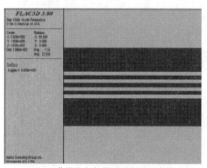

(a) 5# 煤走向条带开采布置示意图

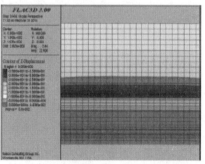

(b) 5# 煤走向条带回采后岩层竖直位移云图

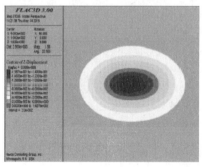

(c) 5# 煤走向条带回采完成后地表竖直位移云图

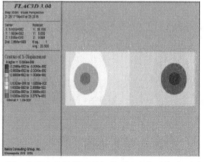

(d) 5# 煤走向条带回采完成后地表水平位移云图

图 4-9   5# 煤走向条带开采地表移动模拟结果

4.4.3　8#、9#煤倾向条带回采后地表位移量分析

当对 4# 煤层采空区采用全部充填的方法进行处理并对 5# 煤层采用走向条带开采时,煤层上部的关键层可得到有效保护,对 8# 煤层采用倾向条带开采时起到减小地表位移的效果,如图 4-10 所示。对 8# 煤层开采时采用回采条带与留设条带相间隔的方法进行开采,各个条带宽度均为 50 m,与方案一相比在相同的条件下地表位移得到有效控制,由此可知对上部煤层采用合适的开采方法进行开采后可为下部煤层开采时减小地表位移量提供较好条件,对 8# 煤层进行开采后,地表垂直方向的最大位移为 246 mm,与方案一相比垂直最大位移减小了 2 094 mm;水平方向最大位移为 51 mm,与方案一相比水平方向最大位移减小了 400 mm。待对 9# 号煤层开采完毕后,地表在垂直和水平方向上的最大位移为 372 mm 与 77 mm,与方案一相比地表在垂直方向和水平方向上的最大位移分别减小了 2 597 mm 与 503 mm。

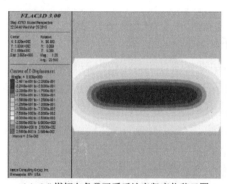
（a）8#煤倾向条带开采后地表竖直位移云图

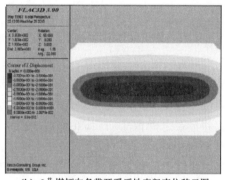
（b）9#煤倾向条带开采后地表竖直位移云图

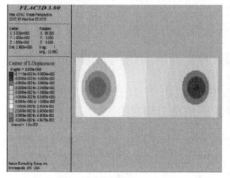
（c）8#煤倾向条带开采后地表水平位移云图

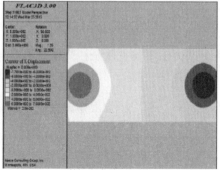
（d）9#煤倾向条带开采后地表水平位移云图

图 4-10　8#、9#煤走向条带开采地表移动模拟结果

4.5 5#、8#和9#煤层条带充填开采条件下岩层移动规律

4.5.1 多煤层条带充填开采的技术原理

若对采空区采用全部充填的方法对煤层进行开采,会有较多的工作量,将耗费大量人力、物力、财力,并且充填工作会妨碍煤炭的高效生产。若采用条带开采方式对煤层进行开采,不仅会导致工作面多次搬家而且会浪费大量煤炭资源,当煤柱所承受的上部岩层的载荷达到一定值时煤柱将会被破坏。结合以上两种方法的优点与不足之处,可采用部分充填和条带开采相结合的方法,这种方法把原来的煤柱周围采空区进行部分充填用以替换煤柱对上部岩层进行支承,可在兼顾防治地表下沉的情况下有效提高煤炭资源采出率。

若首先对 4# 煤层采空区采用全部充填的方法,然后对 5# 煤层采用条带充填的方法进行开采,割煤后在煤层的直接顶冒落之前对采空区进行部分条带充填,这起到了保护关键层稳定性的作用,进而缩小了地表在垂直和水平方向上的位移量,达到了对底板输电铁塔和其他辅助构筑物保护的目的。

对 5#、8#、9# 煤层采空区采用短壁条带充填的方法进行处理,和方案二所采用方法进行比较。对采空区采用短壁条带充填的方法进行处理,在实施过程中可在走向方向布置 40 m 宽的工作面,对采空区采用间隔充填的方法进行充填并且在之间留 10 m 宽的煤柱,这种方法结合了条带开采以及全柱开采的特点并有效利用二者的优点,因此在地表位移的过程中可分为两个阶段,在不同阶段中对底板位移量进行有效控制,有效预防地表在垂直和水平方向上的位移,并且通过充填条带代替煤柱可有效提高煤炭资源的采出率。若煤层顶板有强度和厚度较大的岩层,可根据实际情况留设宽条带,在对采空区进行部分充填过后在对这部分煤柱进行回收,可有效防止地表岩层在垂直和水平方向上的位移。这种开采方法不但克服仝柱开采时多面同时推进的缺点,同时还利用充填条带减小对煤柱回收时上部岩层对煤柱的载荷。

4.5.2 5#、8#、9#煤层短壁间隔条带充填开采模拟研究

对 5#、8#、9# 煤层采空区采用短壁条带充填的方法进行处理的模拟试验中,在走向方向上把工作面分成多个较短条带的方式进行开采,每隔一个条带开采一个条带,在直接顶未冒落时对采空区进行回填,这种充填方法可形成间隔的充填条带,顶板的初次来压步距应小于未充填的区域宽度,并且充填体对顶板产生的支撑作用减小地表在垂直和水平方向上的位移量,从而达到保护地表输电

铁塔和其他辅助构筑物的目的。模拟方案中,开采条带的宽度为 40 m,为使充填条带有较好的支撑作用并对条带的侧向施加应力,这种方法可把条带的单向应力状态转化为双向应力状态以增加条带的承载能力,为达到这种效果,对采空区采用间隔充填的方法进行充填并且在之间留 10 m 宽的煤柱。

在煤层采用常规条带开采的前提下,采出的条带处于卸压区,煤柱与前方煤壁对上部岩层的载荷起主要支撑的作用,当煤柱达到极限平衡状态时,其内部会产生大量塑性变形。

当对采空区充填时,煤柱上部岩层的载荷会逐步向充填条带转移,此时煤柱上的载荷会明显小于不充填时的煤柱载荷,并且最大值有较大的减小。对采空区采用条带充填的方法处理后,充填条带处的底板所承受的应力将会增大。说明充填后原煤柱上部的载荷不但作用于煤柱和充填体,而且会进一步作用在煤层底板。对采空区的充填处理可对煤柱有侧向应力效果,这种侧向应力将煤柱在侧向受到一定的约束作用,使二向应力状态转化为三向应力状态进一步增大煤柱的强度。和常规的采空区条带充填处理效果相比,承受载荷的回采条带空区得到解放,上部岩层的载荷会转移到两侧煤柱,导致煤柱所承受的应力过大,这是导致煤柱产生破坏并扩大地表在垂直方向和水平方向位移关键因素,进行充填后可有效改善这种状况。在对留设条带进行开采时,不应开采完毕,在一侧应保留 10 m 左右的煤柱用以为充填体提供侧向应力。如图 4-11 所示,对 5# 煤层采空区采用倾向条带充填方法处理后,受采用影响的底板区域大小在煤层走向方向上将会增大;同时受采动影响的地表下沉量也随之增加,最大可达 130.7 mm,下沉盆地依然为椭圆形。受采动影响的地表中央拥有最大垂直位移,拥有最大垂直位移的区域为长条形状且两端有明显的弧形;拉伸区域以采空区中轴线呈现对称分布并且平行于煤层的倾向,最大水平位移约 26.5 mm。与前一种开采方案即 5# 煤层采用走向条带开采,本方案对 5# 煤层开采后可减小垂直位移 24.3 mm、水平位移 5.5 mm。虽然在水平方向位移上两种方案的结果相差不大,但是该种方案充填体加上两侧各 10 m 的煤柱可有 60 m 的支撑条带,煤炭采出率达 80%,而前一种方案中需要 50 m 的煤柱以支撑上部岩层载荷,其采出率只有 50%,因此从采出经济效益以及对地表移动控制效果考虑,应采用条带充填的方法。

对 4# 煤层采空区采用全部充填的方法处理、对 5# 煤层采空区采用条带充填的方法进行处理后可有效保护关键层的稳定性。如图 4-12 所示,对 8#、9# 煤层采空区采用条带充填的方法进行充填后,地表在垂直和水平方向上的位移与方案一相比明显减小,减沉效果明显。而与采用常规条带开采方法进行开采相比,对采空区进行条带充填可明显提高煤炭的采出率(50% 提升到 80%)。对

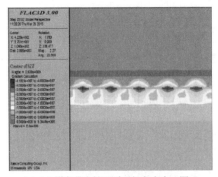
(a) 5#煤条带充填开采后竖向应力云图

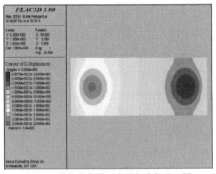
(b) 5#煤条带充填后水平竖直位移云图

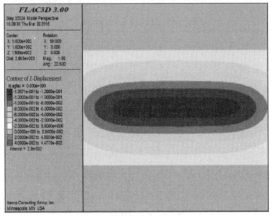
(c) 5#煤条带充填后地表垂直位移云图

图 4-11   5#煤走向条带开采地表移动模拟结果

8#煤层完成开采并进行条带充填后,地表受采动影响在垂直方向的最大位移为 174 mm、水平方向上的最大位移为 36.8 mm,与方案二相比,垂直位移减小了 47 mm、水平位移减小了 8.7 mm。对 9#煤层完成开采并进行条带充填后,地表受采动影响在垂直方向的最大位移为 294 mm、水平方向上的最大位移为 62 mm,与方案二相比,垂直位移减小了 6 mm、水平位移减小了 0.8 mm。因为 9#煤层的埋深最大,当对上部 4#、5#、8#煤层开采后引起的重新分布应力已趋于平衡、岩层的运动也已趋于稳定,并且 9#煤层的厚度相对其他煤层稍薄约为 2 m,所以在对 9#煤层开采时对地表的位移影响较小,9#煤层采用常规条带开采或条带充填的方法进行开采时,地表在垂直方向和水平方向上的位移基本相同。

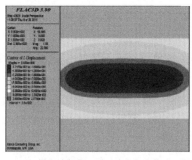 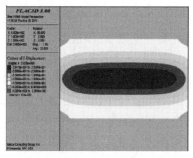

(a) 8$^{\#}$煤充填条带开采后地表竖直位移云图　(b) 9$^{\#}$煤充填条带开采后地表竖直位移云图

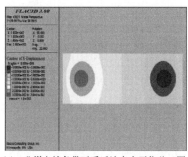

(c) 8$^{\#}$煤充填条带开采后地表水平位移云图　(d) 9$^{\#}$煤充填条带开采后地表水平位移云图

图 4-12　8$^{\#}$、9$^{\#}$煤走向条带开采地表移动模拟结果

4.6　多煤层开采地表下沉盆地形成规律及关键参数分析

焦煤矿存在多层煤层,并且在地表上耸立着输电铁塔及其他辅助构筑物,煤层的开采时对地表铁塔存在着或多或少的影响,因此应研究多层煤层开采后地表在空间上的位移变化与变形。构筑物由于地表存在高耸电力构筑物以及高压线路,研究多煤层开采过程中地表移动的形态,显得越来越重要。本书采用数值模拟与现场实地观测的方法,对多煤层开采后地表的位移、变形特征进行研究。由于多煤层在空间上位置关系、开采工艺都会对煤层上部至地表岩层的位移、变形产生影响。根据关键层理论,确定出在煤层开采时需要做重点监测的岩层。研究不同的开采方式对地表位移、变形的影响。

4.6.1　地表下沉盆地区域的变形特征

在对煤层进行开采时,随着采空区的增大,煤层上部岩层的位移、变形随之增大。当采空区扩大到一定程度时下部岩层的移动带将会波及地表,此时地表将会在垂直和水平两个方向上出现位移现象,这种现象称为地表移动。

在方案一对 4# 煤层开采时对采空区顶板采用垮落法处理,当工作面推进达到 210 m 时,地表开始受到采动的影响并出现 20 mm 下沉量形成下沉移动带。工作面继续推进时,地表产出位移现象的范围随着采空区顶板的垮落范围的增大而增大。当下沉移动带扩展到地表时,地表在开采影响范围内在垂直方向上会发生下沉,也会使没有开采的煤层上部的地表出现移动,从而会出现采空区上方对应地表出现下沉现象的面积将会大于采空区面积的现象,把这种现象称为地表移动盆地。

若煤层的埋深远大于采厚或比值大于 30,地表的移动、变形现象将在时间上有一定的连续渐变的滞后性。本矿井 4# 煤的埋深为 326.25 m,远大于煤层的厚度 9.33 m,因此地表的移动、变形现象会出现移动的滞后,见图 4-3、图 4-4。当比值小于 30 时,将不存在后续渐变的滞后性但是将会出现较大的沉降以至于局部塌陷。

随着煤层的开采,工作面前方没有产生位移现象的地表将会逐渐发生位移,进而导致移动盆地的范围逐渐增大,受影响的范围界限一直向工作面前方移动。地表的移动、变形会在切眼一侧开始先趋于稳定,最后在停采线一侧稳定,形成稳定的移动盆地。在方案一中,在对 4#、5# 煤层进行综放开采时对采空区顶板采用垮落法处理。煤层开采过后地表的移动盆地将逐渐趋于稳定,由于 4# 煤层、8# 煤层的倾角较小将产生近似长方形的采空区,因此移动盆地形状将会是椭圆状。移动盆地与采空区的位置关系将会呈现对称状态。

煤层开采后,在移动盆地内各点的位移、变形量存在着梯度差异性。由于本矿井开采煤层较多,因此在开采完毕后地表将会受到充分的采动影响,把最后产生的移动盆地分为三个部分:① 中性区域;② 压缩区域;③ 拉伸区域。中性区域处于移动盆地的中部,该区域内各处的垂直下沉值相差不大,表现出均匀沉降并存在对煤层群进行开采后地表沉陷的最大值,但是在水平方向的位移大小几乎为零,因此该区域的几乎没有出现裂隙;压缩区域位于回采边界对应地表到中性区域之间,该区域的范围较大并且在水平方向和垂直方向的位移呈现出阶梯变化,并且该处地表表现出以凹形状态向中间中性区域倾斜并产生压缩变形,因此几乎不会出现裂隙;拉伸区域位于矿井停采线对应地表外测至地表移动最外围,该区域内地表在垂直方向的位移值有较大的不同,表现为不均匀沉降,同时和压缩区域一样像中性区域倾斜,与压缩区域不同的是该区域为凸形状态并会有一定的拉伸变形。当拉伸变形达到某一数值时,将会产生拉伸破坏并出现裂隙。

4.6.2　地表下沉盆地移动及变形关键参数分析

4.6.2.1　地表移动变形参数概述

地表受开采因素的影响将会出现指向采空区位置的位移,包括水平方向上的位移和垂直方向上的位移。在受开采影响产生移动现象的区域内,各点处的垂直位移和水平位移大小不同,越靠近中性区域垂直位移越大并出现一定的移动规律。

地表的变形可通过以下参数表征:垂直方向下沉值、水平方向位移量、倾斜方向与角度、水平变形、凹凸曲率。

(1)垂直方向下沉值:指在受煤层开采影响而产生位移的地表内各点处在垂直方向上的位移大小,数值模拟中把各个测点在开采前后在垂直方向的高度记录下来并求出差值,可通过计算各测点在 Z 坐标轴上的位移变化量求出。

(2)水平方向位移量:指在受煤层开采影响而产生位移的地表内各点在水平方向上的位移,在数值模拟中把各个测点在开采前后在水平位置记录下来并求出差值,可通过计算各测点在 X 或者 Y 坐标轴上的位移变化量求出。

(3)倾斜(i):指在受煤层开采影响而产生位移的地表范围内各点在垂直方向的位移在单位长度的变化量,数值模拟中可通过观察任意两点在垂直方向上的位移差与水平方向距离的比值来计算,比值用 i 代表,可用式(4-1)计算。

$$i'(x,y)_{d_{ij}} = \frac{w(x,y)_j - w(x,y)_i}{d_{ij}} \tag{4-1}$$

(4)水平变形(ε):指在受煤层开采影响而产生位移的地表内每单位长度的地表的水平变形量,数值模拟中可通过观察任意两点在水平方向上的位移差与水平方向距离的比值来计算,可用式(4-2)计算。

$$\varepsilon(x,y)_{d_{ij}} = \frac{u(x,y)_j - u(x,y)_i}{d_{ij}} \tag{4-2}$$

(5)凹凸曲率(K):指在受煤层开采影响而产生位移的地表下沉范围内剖面线的弯曲程度,数值模拟中可通过观察任意两点处倾斜值与距离的比值来计算,单位为 mm/m^2,见式(4-3)。

$$K(x,y)_{d_{\phi_j}} = \frac{i(x,y)_{jk} - i(x,y)_{ij}}{0.5(d_{ij} + d_{jk})} \tag{4-3}$$

4.6.2.2　多煤层不同组合开采方案条件下地表移动下沉状态分析

图 4-13 为对煤层群采用方案一进行开采时,通过数值模拟所得到的地表下沉量曲线。

分析图 4-13(b)知:对 4# 煤层采空区顶板采用垮落法处理后均匀下沉位于距离开切眼 280 m 到 750 m 的位置,盆地周边的坡度比较缓和,倾斜值为 15.9

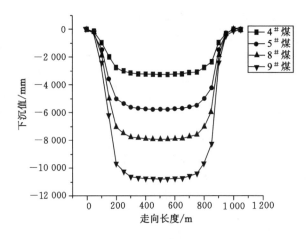

图 4-13　方案一多煤层开采后地表下沉曲线

mm/m。对 $5^\#$ 煤层采空区顶板采用垮落法处理后中性区域缩小且下沉量有较为明显的增大,盆地周边的坡度变陡,倾斜值为 27.14 mm/m。通过分析这种现象可知当对 $4^\#$、$5^\#$ 煤层采空区顶板采用垮落法处理时,会导致关键层失稳进而使各点的位移大小增大,这将会影响地表输电铁塔及其他辅助构筑物的稳定性。针对 $8^\#$、$9^\#$ 煤层利用条带开采工艺进行开采,当下沉盆地趋于稳定后产生最大下沉的位置在距开切眼 380 m 处,基本符合以往实际开采时的沉陷规律,下沉量可达到 10 787 mm,下沉系数平均为 0.53。待对煤层群开采完毕形成稳定的下沉盆地后,预测出开切眼一侧的边界角大约为 65°,停采线一侧的边界角大约为 69°。

图 4-14 为对煤层群采用方案一进行开采时,通过数值模拟所得到的地表水平移动曲线。分析图 4-14 可知:$4^\#$ 煤层开采时对采空区顶板采用垮落法处理后,地表的水平位移呈现出对称分布且对称轴为采空区中轴线,在开切眼一侧的位移为正值,停采线一侧的位移为负值,因此在开采后地表表现为往采空区中部位移的趋势,此时水平位移大小最大为 655.4 mm,水平方向上的变形量最大为 7.96 mm/m;$5^\#$ 煤层开采时对采空区顶板采用垮落法处理后,由于关键层失稳,因此水平位移和变形的最大值明显增大,水平方向的变形量可达到 13.57 mm/m。针对 $8^\#$、$9^\#$ 煤层利用条带开采工艺进行开采,开切眼右侧 40 m 处的水平位移达到 2 075 mm,停采线右侧 100 m 位移达到 -1 677 mm,开切眼一侧的位移量较大是因为其受到较长时间的采动影响。

图 4-15 为对煤层群采用方案二进行开采时,通过数值模拟所得到的地表下沉曲线。对 $4^\#$ 煤采空区采用全部充填的方法进行处理后地表的垂直位移较小,在距离开切眼 240 m 至 500 m 的范围内为中性区域,垂直移动距离为 56 mm,

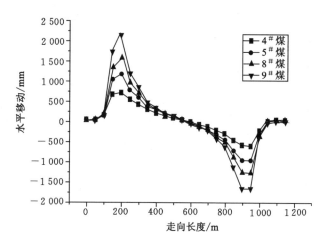

图 4-14 方案一多煤层开采后地表水平移动曲线

倾斜值大小在 0.5 mm/m 以下;在开采 5[#] 煤层时对采空区采用走向条带充填的
方法进行处理后,垂直位移和倾斜度均有所增大,拥有明显的坡度基本形成下沉
盆地,尽管如此,该方案还是比方案一中的下沉量、坡度小得多。在开采 8[#]、9[#]
煤层时对采空区采用走向条带充填的方法进行处理后,下沉盆地进一步加深,并
且中性区域减小,最大垂直位移为 372 mm,倾斜值为 1.89 mm/m。根据以上分
析知,在采用方案二对煤层进行开采时由于采用了充填的方法保护了关键层的
稳定状态,因此下沉盆地的垂直位移较小、坡度缓和、地表下沉量在可接受范围
内。中性区域的下沉系数为 0.0175。开切眼一侧的影响边界角达 63°,停采线
一侧的边界角达 59°。

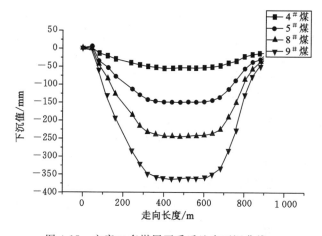

图 4-15 方案二多煤层开采后地表下沉曲线

图 4-16 为对煤层群采用方案二进行开采时,通过数值模拟所得到的地表水平移动曲线。分析图 4-16 可知:对 4# 煤层开采时采用全部充填的方法进行处理后地表的水平位移较小,地表的水平位移呈现出对称分布且对称轴为采空区中轴线,在开切眼一侧的位移为正值,停采线一侧的位移为负值,因此在开采后地表表现为往采空区中部位移的趋势,此时水平位移大小最大为 12.1 mm,与方案一相比水平位移量较小,对防治地表水平位移有较好的效果。在对 5# 煤层进行开采时由于采用了条带充填方法使关键层继续保持稳定,水平位移增加较慢。对 8#、9# 煤层采空区同样采用条带充填的方法,在开采完毕后,水平方向上的位移最大为 77 mm,变形量最大为 0.89 mm/m,防治措施效果明显。

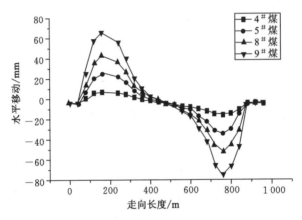

图 4-16 方案二多煤层开采后地表水平移动曲线

图 4-17、图 4-18 为对煤层群采用方案三进行开采时,通过数值模拟所得到的地表垂直和水平移动曲线。首先对 4# 煤层采空区采用全部充填的方法进行处理以保持地表的稳定性,5#、8#、9# 煤层采空区采用短壁条带充填开采的方法。这种方法的效果比方案二略好,在对煤层群开采完毕后地表在垂直方向上的位移最大为 294 mm,水平方向上的位移最大为 62 mm。而且采用条带充填方法时煤炭的采出率要明显高于采用常规充填方法时的煤炭采出率,尤其是在 5# 煤层进行开采时可有效控制地表下沉的情况下能够采出更多的煤炭。下沉盆地趋于稳定后,在最大下沉位置处倾斜值不大于 2 mm/m,水平方向变形不超过 0.92 mm/m,对地表位移、变形防治效果较好并小于最大允许值,因此方案三可有效保护地表输电铁塔和其他辅助构筑物。

4.6.2.3 多煤层不同组合开采方案条件下开采后地表移动范围及变形关键参数

(1) 多煤层开采地表移动盆地影响范围规律

根据三种不同方案的数值模拟结果可知:当对 4# 煤层采空区采用直接垮落

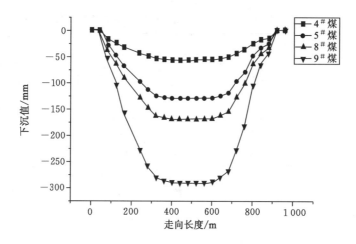

图 4-17　方案三多煤层开采后地表下沉曲线

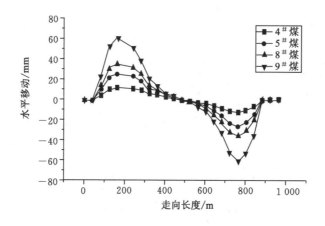

图 4-18　方案三多煤层开采后地表水平移动曲线

的方法进行处理,工作面推进 210 m 时地表开始受到开采的影响并出现 20 mm 的垂直位移,工作面继续推进后,逐渐成为下沉盆地。

　　采用方案一、二、三进行开采时,地表的位移情况见表 4-2,其中采用方案一进行开采时地表受影响的范围最大,采用方案二和方案三进行开采时地表受影响的范围相对较小,防治效果突出。

　　(2) 各开采方案实施后地表变形参数的模拟结果

　　采用三种开采方案进行模拟后,得出组合开采方案一、组合开采方案二、组合开采方案三详细模拟结果,见表 4-3。

表 4-2   三种组合开采方案开采结束后地表移动影响范围

地表移动影响范围	走向长度/m	倾向宽度/m	备注
方案一	930	330	4#、5#综放,8#、9#条带开采
方案二	890	270	4#综放充填,5#走向,8#、9#倾向条带开采
方案三	905	290	4#综放充填,5#、8#、9#条带充填开采

表 4-3   各方案模拟开采后地表移动参数

开采方案	煤层与开采方法	累积最大下沉值/mm	下沉系数 q	最大曲率 K /(mm/m²)	最大倾斜 i /(mm/m)	累积走向最大水平位移/mm	走向水平变形 ε /(mm/m)
组合开采方案一	4#煤综放、全垮落	3 241	0.540	0.20	15.90	655.4	7.96
	5#煤综放、全垮落	5 717	0.408	0.35	27.14	1 122	13.57
	8#煤倾向条带开采	7 900	0.438	0.42	43.14	1 535	17.35
	9#煤倾向条带开采	10 790	0.539	0.57	59.26	2 075	22.89
组合开采方案二	4#煤综放全充填开采	57	0.009 3	0.009 0	0.40	12.12	0.19
	5#煤走向条带开采	150.3	0.010 7	0.002 5	0.93	31.85	0.47
	8#煤倾向条带开采	244.8	0.013 6	0.004 1	1.32	50.81	0.63
	9#煤倾向条带开采	372	0.018 6	0.006 9	1.83	77.00	0.89
组合开采方案三	4#煤综放全充填开采	57	0.009 3	0.009 0	0.40	12.12	0.19
	5#煤条带充填开采	130	0.009 3	0.002 3	0.87	26.39	0.35
	8#煤条带充填开采	170	0.009 4	0.002 7	1.29	35.87	0.49
	9#煤条带充填开采	294	0.014 7	0.004 9	1.67	62.00	0.92

4.7   焦煤矿多煤层开采地表高压供电铁塔的稳定性分析

4.7.1   焦煤矿煤层群条件下不同组合开采方案对地面线路的影响程度分析

4.7.1.1   开采方案一条件下各煤层开采后地面线路的影响程度分析

（1）4#煤层综放开采后地面线路的安全影响分析

在采用开采方案一时,4#煤层采用综放开采,全部垮落法管理顶板,开采结束后,地表的移动结果为:最大下沉量为 3 241 mm,最大倾斜为 15.9 mm/m,最大水平位移为 655.4 mm,水平变形为 7.96 mm/m。

若线路铁塔位于地表移动的盆地范围内,则 4# 煤综放开采后,最大倾斜值已经分别超过正常使用值和极限超载值的 9.39 倍和 7.24 倍,严重影响了线路铁塔的安全稳定性;最大水平位移已经分别超过正常使用值和极限超载值的 3.64 倍和 2.28 倍,也影响铁塔的稳定;而水平变形最大值已相应地分别超过 3.47 倍和 2.63 倍,同样影响安全运行。

将倾斜 i 换算成角度,4# 煤层采用综放开采的地表最大倾斜角数值模拟结果应为 0.91°,采空区边缘为 0.11°,规定临界倾斜和极限倾斜的倾斜角分别为 0.091° 和 0.11°,故铁塔位于移动盆地内是失稳的,在平巷附近是临界稳定的;而前面按照线路拉紧与拉断的倾斜角应为 1.871° 和 3.623°,按照电力部门的规定取 2.5 的安全系数,应为 0.748° 和 1.449°,模拟值小于新的临界值,因此按照本书的研究成果,从倾斜方面考察,线路及铁塔应是安全稳定的。

对于水平变形,主要影响铁塔基础的根开差,模拟结果 $\varepsilon = 7.96$ mm/m,因铁塔基础最大根开 $B = 6\,000$ mm,则基础的总变形为:

$$\Delta B = \varepsilon B = 7.96 \times 6 = 47.76 \text{ mm} > 0.004B = 24 \text{ mm}$$

因此,从水平变形所引起的基础根开差的规定而言,接近 2 倍,铁塔是不安全的。但这是依据水平变形的最大值判断的,对于焦煤矿实际的地面铁塔布置来讲,位于工作面的边缘,其水平变形值约为 0.955 mm/m,根开差为 5.73 mm,小于 24 mm,因此供电铁塔的基础位移是安全的。

最大水平位移为 655.4 mm,按照第三章的水平位移模型分析判断,其小于拉紧的水平位移临界值 1\,208 mm,故也是安全的。同样 333# 铁塔位于 8503 工作面平巷边界 9 m 处,该处其水平位移约为 78.65 mm,小于规定值 141.1 mm,是安全的。

(2) 5# 煤层综放开采后地面线路的安全影响分析

开采方案一的 5# 煤层综放开采后,地表的模拟移动结果为:最大下沉量为 5\,717 mm,最大倾斜为 27.14 mm/m,最大水平位移为 1\,122 mm,水平变形为 13.57 mm/m。

将倾斜 i 换算成角度,5# 煤层综放开采后地表最大倾斜角数值模拟结果应为 1.55°,规定临界倾斜和极限倾斜的倾斜角分别为 0.091° 和 0.11°,而前面按照线路拉紧与拉断的倾斜角应为 1.871° 和 3.623°,按照电力部门的规定取 2.5 的安全系数,应为 0.748° 和 1.449°,模拟值与新的临界值基本相当,考虑到线路铁塔位于工作面边缘附近,倾斜角应为 0.186°,因此按照本书的研究成果,从倾斜方面考察,线路及铁塔应是临界安全状态,基本可以正常运行。

对于水平变形,模拟结果 $\varepsilon = 13.57$ mm/m,位于平巷边缘的铁塔 $\varepsilon = 1.628\,4$ mm/m,因铁塔基础最大根开 $B = 6\,000$ mm,则基础的总变形为:

$$\Delta B = \varepsilon B = 1.6284 \times 6 = 9.77 \text{ mm} < 0.004B = 24 \text{ mm}$$

因此,从水平变形所引起的基础根开差的规定而言,线路铁塔应是安全稳定的。

最大水平位移为 1 122 mm,采空区边缘铁塔位置水平变形约为 135 mm,小于规定值 141 mm,同时按照第三章水平位移模型判断,其小于拉紧的水平位移临界值 1 208 mm,故也是安全的。

(3) 8# 煤层条带开采后地面线路的安全影响分析

对开采方案一,8# 煤层条带开采后,地表移动的模拟结果为:最大下沉量为 7 900 mm,最大倾斜为 43.14 mm/m,最大水平位移为 1 535 mm,水平变形为 17.35 mm/m。

按照最大倾斜换算,8# 煤层条带开采后地表最大倾斜角数值模拟结果为 2.47°,规定临界倾斜和极限倾斜的倾斜角分别为 0.091° 和 0.11°,而按照线路拉紧与拉断的倾斜角应为 1.871° 和 3.623°,模拟值大于拉紧值小于拉断值,因此按照本书的研究成果,从倾斜方面考察,线路及铁塔应处于临界安全状态。

若铁塔位于平巷附近 9 m 处,倾斜角约为 0.30°,按照电力规定铁塔失稳;按照本书理论模型预测,是安全稳定的。

对于水平变形,主要影响铁塔基础的根开差,模拟结果 $\varepsilon = 17.35$ mm/m,对铁塔处 $\varepsilon = 2.08$ mm/m,因铁塔基础最大根开 $B = 6\ 000$ mm,则基础的总变形为:

$$\Delta B = \varepsilon B = 2.08 \times 6 = 12.48 \text{ mm} < 0.004B = 24 \text{ mm}$$

因此,从水平变形所引起的基础根开的规定评价,位于工作面边缘的铁塔,安全稳定。

最大水平位移为 1 535 mm,换算到平巷边缘后,应为 184.2 mm,大于电力部门的规定值 141.1 mm,但其小于水平位移模型预测的拉紧水平位移临界值 1 208 mm,故认为其是临界安全的。

(4) 9# 煤层条带开采后地面线路的安全影响分析

对开采方案一,9# 煤层条带开采后,地表移动的模拟结果为:最大下沉量为 10 790 mm,最大倾斜为 59.26 mm/m,最大水平位移为 2 075 mm,水平变形为 22.87 mm/m。

按照最大倾斜换算,9# 煤层条带开采后地表最大倾斜角数值模拟结果为 3.39°,规定临界倾斜和极限倾斜的倾斜角分别为 0.091° 和 0.11°,而按照线路拉紧与拉断的倾斜角应为 1.871° 和 3.623°,模拟值大于拉紧值小于拉断值,因此按照本书的研究成果,从倾斜方面考察,线路及铁塔应处于临界安全状态。

实际上铁塔位于平巷附近 9 m 处,倾斜角约为 0.41°,按照电力规定铁塔失稳;按照本书理论模型预测,是安全稳定的。

水平变形主要影响铁塔基础的根开误差,模拟结果 $\varepsilon = 22.87$ mm/m,对铁塔处 $\varepsilon = 2.74$ mm/m,因铁塔基础最大根 $B = 6\,000$ mm,则基础的总变形为:

$$\Delta B = \varepsilon B = 2.74 \times 6 = 16.44\ mm < 0.004B = 24\ mm$$

因此,从水平变形所引起的基础根开的规定评价,位于工作面边缘的铁塔,安全稳定。

最大水平位移为 2 075 mm,换算到平巷边缘后,应为 249 mm,大于电力部门的规定值 141.1 mm,但其小于水平位移模型预测的拉紧水平位移临界值 1 208 mm,故认为其是临界安全的。

4.7.1.2　开采方案二条件下各煤层开采后地面线路的影响程度分析

(1) $4^{\#}$ 煤层综放充填开采后地面线路的安全影响分析

采用开采方案二时,$4^{\#}$ 煤层综放全充填开采后,地表的移动结果为:最大下沉量为 57 mm,最大倾斜为 0.40 mm/m,最大水平位移为 12.12 mm,水平变形为 0.19 mm/m。

若线路铁塔位于地表移动的盆地范围内,则 $4^{\#}$ 煤综放全充填开采后,最大倾斜值(0.40 mm/m)小于正常使用值(1.53 mm/m)和极限超载值(1.93 mm/m),水平变形值(0.19 mm/m)小于正常使用值(1.78 mm/m)和极限超载值(2.19 mm/m);最大水平位移(12.12 mm)小于正常使用值(141.3 mm)和极限超载值(200.1 mm),因此即使线路铁塔处于移动盆地内,也是安全稳定的,基本不受开采沉陷的影响。

将倾斜 i 换算成角度,$4^{\#}$ 煤层综放全充填开采后地表最大倾斜角模拟结果为 0.02°,规定临界倾斜和极限倾斜的倾斜角分别为 0.091°和 0.11°,而前面按照线路拉紧与拉断的倾斜角应为 1.871°和 3.623°,模拟值小于规定值和新的临界值,实际焦煤矿供电线路铁塔不在沉陷盆地的最大移动范围,因此按照本书的研究成果,从倾斜方面考察,线路及铁塔应是安全稳定的。

对于水平变形,数值模拟结果的最大值 $\varepsilon = 0.19$ mm/m,因铁塔基础最大根开 $B = 6\,000$ mm,则基础的总变形为:

$$\Delta B = \varepsilon B = 0.19 \times 6 = 1.14\ mm < 0.004B = 24\ mm$$

因此,对于焦煤矿实际的地面铁塔布置来讲,位于工作面的边缘,根开差更小,因此供电铁塔的基础位移肯定在允许范围内,是安全的。

最大水平位移为 12.12 mm,小于规定值(144.3 mm);按照第三章水平位移模型判断,其小于拉紧的水平位移临界值 1 208 mm,处于安全运行状态。同样 $333^{\#}$ 铁塔位于 8503 工作面平巷边界 9 m 处,该处水平位移更小,其安全程度更高。

（2）5#煤层走向条带开采后地面线路的安全影响分析

开采方案二5#煤层条带开采后,地表的模拟移动结果为:最大下沉量为150.3 mm,最大倾斜为0.93 mm/m,最大水平位移为31.85 mm,水平变形为0.47 mm/m。

将倾斜 i 换算成角度,5#煤层条带开采后,数值模拟得到的地表最大倾斜角为0.053°,小于临界倾斜角(0.091°)和极限倾斜角(0.11°);按照线路拉紧与拉断的倾斜角应为1.871°和3.623°,模拟值均小于规定值与新的临界值,再考虑线路铁塔位于工作面边缘附近,其倾斜角将会更小,因此按照电力部门规定和本书的研究成果,从倾斜方面考察,线路及铁塔应处于安全状态,正常运行。

对于水平变形,模拟结果 $\varepsilon = 0.47$ mm/m,因铁塔基础最大根开 $B = 6\,000$ mm,若铁塔位于盆地内,则基础的总变形为:

$$\Delta B = \varepsilon B = 0.47 \times 6 = 2.82 \text{ mm} < 0.004B = 24 \text{ mm}$$

因此,水平变形引起的基础根开误差符合规定,线路铁塔是安全稳定的。对位于平巷边缘的铁塔,其基础根开误差更小,不受影响,同样安全稳定。

最大水平位移为31.85 mm,小于规定值141.3 mm;采空区边缘铁塔位置水平位移约为3.822 mm,更小于规定值;同时按照第三章水平位移模型判断,其小于拉紧的水平位移临界值1 208 mm,故也是安全的。

（3）8#煤层条带开采后地面线路的安全影响分析

开采方案二8#煤层条带开采后,地表移动的模拟结果为:最大下沉量为244.8 mm,最大倾斜为1.32 mm/m,最大水平位移为50.81 mm,水平变形为0.63 mm/m。

按照最大倾斜换算,数值模拟给出的8#煤层条带开采后地表最大倾斜角为0.076°,小于临界倾斜角(0.091°)和极限倾斜角(0.11°);按照线路拉紧与拉断的倾斜角应为1.871°和3.623°,模拟值均小于规定值与新的临界值,再考虑到线路铁塔位于工作面边缘附近,其倾斜角将会更小,因此按照电力部门规定和本书的研究成果,从倾斜方面考察,线路及铁塔应处于安全状态,正常运行。

水平变形的模拟结果 $\varepsilon = 0.63$ mm/m,因铁塔基础最大根开 $B = 6\,000$ mm,则基础的总变形为:

$$\Delta B = \varepsilon B = 0.63 \times 6 = 3.78 \text{ mm} < 0.004B = 24 \text{ mm}$$

因此,从水平变形引起的基础根开差的规定评价,处于盆地内铁塔安全稳定,位于工作面边缘的铁塔,更处于安全稳定状态。

模拟的最大水平位移为50.81 mm,小于电力部门的规定值141.1 mm,更小于水平位移模型预测的拉紧水平位移临界值1 208 mm,故平巷边缘的线路铁塔是绝对安全的。

（4）9#煤层条带开采后地面线路的安全影响分析

采用开采方案二9#煤层条带开采后,地表移动的模拟结果为:最大下沉量为

372 mm,最大倾斜为 1.83 mm/m,最大水平位移为 77 mm,水平变形为 0.89 mm/m。

数值模拟表明,9#煤层条带开采后地表最大倾斜角为 0.10°,相当于规定临界倾斜角(0.091°)和极限倾斜角(0.11°),为临界安全状态;而按照线路拉紧与拉断的倾斜角应为 1.871°和 3.623°,模拟值小于拉紧值,因此按照本书的研究成果,从倾斜方面考察,线路及铁塔应处于临界安全状态。

水平变形主要影响铁塔基础的根开差,模拟结果 $\varepsilon=0.89$ mm/m,因铁塔基础最大根开 $B=6\,000$ mm,若铁塔位于移动盆地内,则基础的总变形为:

$$\Delta B = \varepsilon B = 0.89 \times 6 = 5.34 \text{ mm} < 0.004B = 24 \text{ mm}$$

因此,从水平变形引起的基础根开差的规定方面评价,位于工作面边缘的铁塔,将会绝对处于安全稳定状态。

模拟得出的最大水平位移为 77 mm,约为安全规定值的一半,小于电力部门的规定值 141.1 mm,更小于水平位移模型预测的拉紧水平位移临界值 1 208 mm,故平巷边缘的线路铁塔是绝对安全的。

4.7.1.3　开采方案三条件下各煤层开采后地面线路的影响程度分析

(1) 4#煤层综放开采后地面线路的安全影响分析

采用开采方案三 4#煤层综放全充开采,与方案三完全相同,地表的移动结果为:最大下沉量为 57 mm,最大倾斜为 0.40 mm/m,最大水平位移为 12.12 mm,水平变形为 0.19 mm/m。

因此,无论是从倾斜、水平变形、水平位移三方面,地表线路铁塔均是安全稳定的。

(2) 5#煤层条带开采后地面线路的安全影响分析

实施开采方案三 5#煤层条带充填开采后,数值模拟的地表移动结果为:最大下沉量为 130 mm,最大倾斜为 0.87 mm/m,最大水平位移为 26.39 mm,水平变形为 0.35 mm/m。

开采方案三中数值模拟的 5#煤层条带充填开采后地表最大倾斜角为 0.050°,小于临界倾斜角(0.091°)和极限倾斜角(0.11°);按照线路拉紧与拉断的倾斜角应为 1.871°和 3.623°,模拟值均小于规定值与新的临界值,再考虑到线路铁塔位于工作面边缘附近,其倾斜角将会更小,因此按照电力部门规定和本书研究成果,从倾斜方面考察,线路及铁塔应处于安全状态,正常运行。

对于水平变形,模拟结果 $\varepsilon=0.35$ mm/m,因铁塔基础最大根开 $B=6\,000$ mm,若铁塔位于盆地内,则基础的总变形为:

$$\Delta B = \varepsilon B = 0.35 \times 6 = 2.10 \text{ mm} < 0.004B = 24 \text{ mm}$$

因此,从水平变形引起的铁塔基础根开差的规定评价,线路铁塔应是安全稳定的。位于平巷边缘的铁塔及线路,则绝对安全。

多煤层开采模拟表明,开采方案三 5# 煤层条带充填开采后最大水平位移为 26.39 mm,采空区边缘铁塔位置水平变形约为 3.2 mm,小于电力部门的规定值 141 mm,同时按照第三章水平位移模型判断,其小于拉紧的水平位移临界值 1 208 mm,故也是可以保证供电线路的安全运行状态的。

(3) 8# 煤层条带开采后地面线路的安全影响分析

采用开采方案三 8# 煤层条带开采后,数值模拟的地表移动结果为:最大下沉量为 170 mm,最大倾斜为 1.29 mm/m,最大水平位移为 35.87 mm,水平变形为 0.49 mm/m。

将数值模拟的最大倾斜换算为倾斜角,8# 煤层条带开采后地表最大倾斜角为 0.074°,小于电力部门规定的临界倾斜角(0.091°)和极限倾斜角(0.11°);按照前述线路拉紧与拉断的倾斜角应为 1.871° 和 3.623°,模拟值小于拉紧值。因此,从倾斜方面评价,线路及铁塔应处于安全稳定状态。

对于水平变形,模拟结果 $\varepsilon = 0.49$ mm/m,因铁塔基础最大根开 $B = 6\ 000$ mm,则基础的总变形为:

$$\Delta B = \varepsilon B = 0.49 \times 6 = 2.94\ \text{mm} < 0.004B = 24\ \text{mm}$$

因此,从水平变形引起铁塔基础的根开差规定来评价,供电线路铁塔安全稳定;位于工作面边缘的铁塔,绝对安全稳定。

最大水平位移为 35.87 mm,换算到平巷边缘后,应为 4.30 mm,小于电力部门的规定值 141.1 mm,更小于水平位移模型预测的拉紧水平位移临界值 1 208 mm,故其是绝对安全稳定的。

(4) 9# 煤层条带开采后地面线路的安全影响分析

采用开采方案三 9# 煤层条带开采后,地表移动的模拟结果为:最大下沉量为 294 mm,最大倾斜为 1.67 mm/m,最大水平位移为 62 mm,水平变形为 0.92 mm/m。

此时,9# 煤层条带开采后地表最大倾斜角为 0.096°,基本相当于规定临界倾斜角(0.091°)和极限倾斜角(0.11°);而按照线路拉紧与拉断的倾斜角应为 1.871° 和 3.623°,模拟值等于规定值,小于线路拉紧值和拉断值。因此,按照本书的研究成果,从倾斜方面考察,线路及铁塔应处于临界安全状态。

水平变形主要影响铁塔基础的根开差,模拟结果 $\varepsilon = 0.92$ mm/m,因铁塔基础最大根开 $B = 6\ 000$ mm,则基础的总变形为:

$$\Delta B = \varepsilon B = 0.92 \times 6 = 5.52\ \text{mm} < 0.004B = 24\ \text{mm}$$

因此,从水平变形引起的基础根开误差的规定评价,盆地内铁塔是安全稳定的;位于工作面边缘的铁塔,也绝对安全稳定。

因模拟的最大水平位移为 62 mm,换算到平巷边缘后,应为 7.74 mm,小于电力部门的规定值 141.1 mm,更小于水平位移模型预测的拉紧水平位移临界值 1 208 mm,故其绝对安全稳定。

4.7.2　焦煤矿不同组合开采方案地表线路铁塔的安全稳定性综合评价

根据实施不同开采方案后地表的移动变形关键技术参数,即 4#、5# 煤综放垮落法开采,8#、9# 煤条带开采;4# 全部充填综放开采、5#、8#、9# 煤条带开采;4# 全部充填综放开采,5#、8#、9# 煤条带充填开采,按照三种不同方案对地表线路铁塔做安全性评价。

基于前面的详细分析,表 4-4 给出了工作面推进方向与线路平行时,各开采方案中各层煤开采结束后,依据地表沉陷参数最大值,对盆地内和平巷边缘处供电线路铁塔的安全稳定性评价结果。评判结果中包括电力部门的标准规定评价和本书地面供电线路拉紧和拉断的临界值评价,主要考虑铁塔位于工作面平巷边缘处的评价结果,作为线路安全运行与否的最终结果。

表 4-4　　　　　多煤层不同开采方案各煤层开采结束后地表移动
对供电线路铁塔的稳定性评价结果

开采方案	煤层	铁塔位置	评价标准	倾斜	水平变形	水平位移	各煤层综合评价结果
组合开采方案一	4# 煤	移动盆地	电力标准	失稳	失稳	失稳	铁塔失稳,线路受影响
			预测模型	稳定		稳定	铁塔临界安全,线路影响
		平巷附近	电力标准	稳定	稳定	稳定	铁塔稳定,线路安全
			预测模型	稳定		稳定	铁塔稳定,线路安全
	5# 煤	移动盆地	电力标准	失稳	失稳	失稳	铁塔失稳,线路受影响
			预测模型	稳定		稳定	铁塔临界安全,线路影响
		平巷附近	电力标准	失稳	稳定	稳定	铁塔失稳,线路受影响
			预测模型	稳定		稳定	铁塔稳定,线路安全
	8# 煤	移动盆地	电力标准	失稳	失稳	失稳	铁塔失稳,线路受影响
			预测模型	临界稳定		失稳	铁塔失稳,线路受影响
		平巷附近	电力标准	失稳	稳定	失稳	铁塔失稳,线路受影响
			预测模型	稳定		稳定	铁塔稳定,线路安全
	9# 煤	移动盆地	电力标准	失稳	失稳	失稳	铁塔失稳,线路受影响
			预测模型	临界稳定		失稳	铁塔失稳,线路受影响
		平巷附近	电力标准	失稳	稳定	失稳	铁塔失稳,线路受影响
			预测模型	稳定		稳定	铁塔稳定,线路安全

开采方案	煤层	铁塔位置	评价标准	倾斜	水平变形	水平位移	各煤层综合评价结果
组合开采方案二	4#煤	移动盆地	电力标准	稳定	稳定	稳定	铁塔稳定,线路安全
			预测模型	稳定		稳定	铁塔稳定,线路安全
		平巷附近	电力标准	稳定	稳定	稳定	铁塔稳定,线路安全
			预测模型	稳定		稳定	铁塔稳定,线路安全
	5#煤	移动盆地	电力标准	稳定	稳定	稳定	铁塔稳定,线路安全
			预测模型	稳定		稳定	铁塔稳定,线路安全
		平巷附近	电力标准	稳定	稳定	稳定	铁塔稳定,线路安全
			预测模型	稳定		稳定	铁塔稳定,线路安全
	8#煤	移动盆地	电力标准	稳定	稳定	稳定	铁塔稳定,线路安全
			预测模型	稳定		稳定	铁塔稳定,线路安全
		平巷附近	电力标准	稳定	稳定	稳定	铁塔稳定,线路安全
			预测模型	稳定		稳定	铁塔稳定,线路安全
	9#煤	移动盆地	电力标准	临界稳定	稳定	稳定	铁塔临界稳定,线路安全
			预测模型	稳定		稳定	铁塔稳定,线路安全
		平巷附近	电力标准	稳定	稳定	稳定	铁塔稳定,线路安全
			预测模型	稳定		稳定	铁塔稳定,线路安全
组合开采方案三	4#煤	移动盆地	电力标准	稳定	稳定	稳定	铁塔稳定,线路安全
			预测模型	稳定		稳定	铁塔稳定,线路安全
		平巷附近	电力标准	稳定	稳定	稳定	铁塔稳定,线路安全
			预测模型	稳定		稳定	铁塔稳定,线路安全
	5#煤	移动盆地	电力标准	稳定	稳定	稳定	铁塔稳定,线路安全
			预测模型	稳定		稳定	铁塔稳定,线路安全
		平巷附近	电力标准	稳定	稳定	稳定	铁塔稳定,线路安全
			预测模型	稳定		稳定	铁塔稳定,线路安全
	8#煤	移动盆地	电力标准	稳定	稳定	稳定	铁塔稳定,线路安全
			预测模型	稳定		稳定	铁塔稳定,线路安全
		平巷附近	电力标准	稳定	稳定	稳定	铁塔稳定,线路安全
			预测模型	稳定		稳定	铁塔稳定,线路安全
	9#煤	移动盆地	电力标准	临界稳定	稳定	稳定	铁塔临界稳定,线路安全
			预测模型	稳定		稳定	铁塔稳定,线路安全
		平巷附近	电力标准	稳定	稳定	稳定	铁塔稳定,线路安全
			预测模型	稳定		稳定	铁塔稳定,线路安全

依据表 4-4,在采用组合开采方案一的条件下,按照当前焦煤矿工作面与地表线路及铁塔的实际匹配关系,用电力部门的规定判断,综放开采 4# 煤是安全的,5# 煤层综放开采不能保障线路的安全运行;用本书的地表移动与线路拉紧的数学模型判断,4#、5# 煤综放开采和 8#、9# 煤采用条带开采,均能确保高压输电铁塔与线路的安全运行。

采用组合开采方案二时,分别用电力部门的标准和本书的标准判断,焦煤矿 4 层煤全开采完,均可确保高压输电铁塔与线路的安全运行;采用组合开采方案三时,也可确保高压输电铁塔与线路的安全运行。

最后,总结给出如表 4-5 的不同开采方案的最大开采煤层层数。按电力标准,开采组合方案一,仅能开采 4# 煤一层煤;按本书标准,4#、5#、8#、9# 煤层共 4 层煤开采,均可行;开采组合方案二,焦煤矿所有的 4 层煤均可开采,输电线路不受影响,可安全运行;开采组合方案三,同样也可 4 层煤全开采,线路安全无问题。

表 4-5　　　基于多煤层开采地表移动模拟的电塔稳定性评价结果

开采方案	最大倾斜 i_{max} /(mm/m)	最大水平位移 u_{max} /mm	水平变形 ε /(mm/m)	铁塔安全稳定性	开采煤层数	备注
方案一	59.26	2092	9.5	失稳	1/4	
方案二	1.89	77	0.89	安全、稳定	4/4	供电铁塔位于采空区内的情形
方案三	1.57	62	0.59	安全、稳定	4/4	
正常使用条件	1.53	141.3	1.78	方案一超过极限承载条件		
极限承载条件	1.93	200.1	2.19			

4.8　本章小结

本章利用数值模拟软件,研究了焦煤矿多煤层开采地表移动规律及关键技术参数,并依据模拟结果分析了不同组合开采方案对地面高压供电铁塔稳定-线路安全运行的影响,分别用电力部门标准和本书的预测评判标准进行了比较研究,得出了各煤层间的合理组合开采优化方案。

(1)模拟得出不同开采组合方案地表移动关键技术参数

① 开采方案一,4 层煤层全部开采后,地表移动的模拟结果为:最大下沉量为 10 790 mm,最大倾斜为 59.26 mm/m,最大水平位移为 2 075 mm,水平变形

为 22.87 mm/m。

② 开采方案二,开采完 4 层煤后,地表移动的模拟结果为:最大下沉量为 372 mm,最大倾斜为 1.83 mm/m,最大水平位移为 77 mm,水平变形为 0.89 mm/m。

③ 开采方案三,4#、5#、8#、9#煤层开采结束后,地表移动的模拟结果为:最大下沉量为 294 mm,最大倾斜为 1.67 mm/m,最大水平位移为 62mm,水平变形为 0.92 mm/m。

(2) 焦煤矿 4#、5#煤开采是输电线路安全保护的关键

数值模拟结果表明,上部 4#、5#煤层采用综放垮落法开采时,对地表移动造成的影响很大,开采后造成关键层破坏,地表下沉移动量急剧加大,因此需考虑以条带开采、充填开采等减沉方式进行回采。

(3) 条带和短壁条带充填开采可有效减小地表沉陷

为尽量减小地表移动对铁塔稳定的影响,同时保持关键层稳定,使地表不出现大范围明显沉陷,对 4#煤层进行全充开采模拟,地表最大下沉量减小 3.172 m,水平最大位移量减小 0.656 m。在 4#煤全充开采基础上,5#煤采用条采和短壁条充开采后,地表最大下沉量为 0.16 m,说明关键层未发生失稳,地表沉降较小。在确保关键层稳定的条件下,采用条带充填开采留设的煤柱与充填体形成的条带共同支撑顶板,其减沉效果与常规条带开采基本相同,而采出率明显高于条带开采。

(4) 焦煤矿多煤层开采地表高压输电铁塔稳定-线路安全影响的评价结果

① 采用组合开采方案一条件下,按照当前焦煤矿工作面与地表线路及铁塔的实际匹配关系,用电力部门的规定判断,综放开采 4#煤是安全的,5#煤层综放开采不能保障线路的安全运行;用本书的地表移动与线路拉紧的数学模型判断,4#、5#煤综放开采和 8#、9#煤采用条带开采,均能确保高压输电铁塔与线路的安全运行。

② 采用组合开采方案二时,分别用电力部门的标准和本书的标准判断,焦煤矿 4 层煤全开采完,均可确保高压输电铁塔与线路的安全运行;采用组合开采方案三时,也可确保高压输电铁塔与线路的安全运行。

(5) 不同开采方案的最大开采煤层层数

按电力部门标准,组合开采方案一,仅能开采 4#煤一层煤;按本书标准,4#、5#、8#、9#煤层共 4 层煤开采,均可行;开采组合方案二,焦煤矿所有的 4 层煤均可开采,输电线路不受影响,可安全运行;开采组合方案三,同样也可 4 层煤全开采,线路安全无问题。

第 5 章　保护高压供电线路的开采布局优化研究

在地下煤炭资源开采过程中,经常因巷道或工作面布置在应力集中区,引发多种地质灾害,如冲击地压、煤与瓦斯突出和顶底板突水等。在近距离煤层下煤层开采时,由于上煤层留设煤柱产生的应力集中而使下煤层的处于应力增高区。在下煤层巷道布置时,应考虑下煤层煤柱宽度、位置等,进行合理开采布局以避开应力集中区。对于"三下"开采,合理的开采布局尤为重要,如果能在开采设计时就充分考虑建(构)筑物的特点、位置和煤层开采地质条件,为建(构)筑物留设合理的开采保护煤柱,不仅能减少井下巷道、工作面地质灾害的发生,还能对地表的建(构)筑物起到保护作用,实现煤矿安全经济的绿色开采。根据焦煤矿地表高压供电线路走向,结合高压供电线路的特点,以高压供电线路安全为目的,对焦煤矿 4$^{\#}$煤开采布局进行研究。

5.1　保护供电线路的 4$^{\#}$煤开采布局优化方案设计

5.1.1　供电线路保护与开采布局的关系分析

高压供电线路是高压供电铁塔与高压线组合形成的一种刚柔并济的连续型构筑物,地下煤炭资源开采时,产生的地表移动变形首先引起高压铁塔的移动变形,然后通过高压线引起相邻高压铁塔发生变形。在巷道、工作面布置时,需要考虑采动引起的整个高线线路的连锁反应。由于高压供电线路两个相邻高压铁塔之间的档距较大,单个工作面开采影响范围不大,主要分析采动对两个相邻高压铁塔的影响。根据开采对高压供电线路的影响,高压供电铁塔处在开采沉陷盆地不同位置,开采对高压供电铁塔影响有很大差别,因此,开采布局对高压供电线路安全运行有很大影响。

根据高压供电线路走向与井下大巷、工作面的布置位置不同,可以将其位置关系分为高压线路与大巷斜交、垂直和平行三种。当高压供电线路与工作面垂直布置时,会出现工作面从两个相邻高压铁塔间穿过的情况,两高压铁塔位于工作面外。大巷、工作面布置位置不同,在开采后,高压铁塔处于开采沉陷盆地的位置也不同,对高压铁塔移动变形影响有很大不同。因此,下面通过高压供电线路与工作面、大巷布置位置关系,研究不同开采布局方案对高压供电线路的影响,确定最优开采布局方案。

5.1.2 4#煤层可能的开采布局方案

以地表 333# 和 334# 两高压铁塔为研究对象,根据地表高压线路走向与大巷、工作面的井上下位置关系,采用高压线路与大巷斜交、垂直、平行三种方案进行开采布局。

(1)高压线路斜穿过工作面布置

根据焦煤矿现阶段工作面布置,高压供电线路斜穿过 8503 工作面,与工作面成 30°角。333# 高压供电铁塔位于 8503 工作面内,与工作面轨道平巷邻近,334# 两高压供电铁塔位于 8503 工作面外,与运输平巷及 305 盘区回风巷邻近。以焦煤矿实际高压线路与工作面及大巷的位置关系作为开采布局的第一种方案。

实际高压线路与 8503 工作面位置关系如图 5-1。

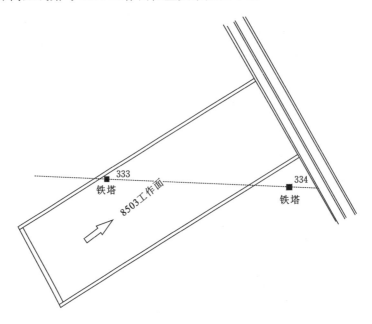

图 5-1 高压线路斜穿工作面布置(实际)

(2)工作面平行于高压线路布置

将工作面推进方向与高压线路平行的布置方式,作为方案二,其相对位置关系,如图 5-2 所示,高压供电线路垂直穿过三条大巷。焦煤矿地表高压线路电压是 500 kV,根据地表建筑物保护等级,200 kV 以上的高压电线路铁塔属Ⅱ级。根据电力部门要求,焦煤矿地表高压线路保护区为高压线外侧 20 m,在此范围内,不允许取土、挖沙、地下开采活动。

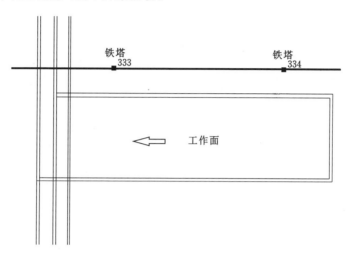

图 5-2　工作面平行于高压线路布置

（3）工作面垂直于高压线路布置

方案三采用工作面推进方向与高压线路垂直布置,其位置关系见图 5-3。

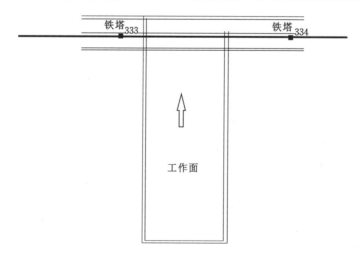

图 5-3　工作面垂直于高压线路布置示意图

在第三种方案中,高压线路与三条大巷走向方向平行,与工作面推进方向垂直。采用焦煤矿原设计,大巷煤柱留设宽度 30 m,工作面长度 150 m 进行布置,将高压供电线路布置在大巷之间。

5.2 4#煤开采布局对铁塔保护影响的数值模拟研究

开采沉陷引起地表移动变形,导致高压供电铁塔发生移动变形,进而影响整个供电线路的正常安全运行。由于地表不均匀沉降、水平移动和水平变形是地表移动变形对高压供电铁塔的主要影响因素,且地表的移动变形是随着工作面推进动态变化的,因此,需要通过对地表移动变形、不均匀下沉的动态变化进行研究,分析开采对高压线路的影响。

采用有限元计算方法,可以计算不同开采布局方案煤层开采时,地表高压供电铁塔基础的下沉值和移动变形值,通过计算结果分析不同开采布局对高压供电铁塔的影响。近几年来,计算机程序应用越来越广泛,数值模拟方法也成为了解决许多工程领域问题的重要方法之一,其可以模拟分析矿山开采过程中,岩层移动变形、巷道支护效果及应力分布情况等,还可以记录岩层移动变形的动态过程,模拟结果可以为现场开采发生的现象提供依据。因此,为了确保地表高压供电线路安全可靠运行,通过数值模拟方法,对不同开采布局方案进行模拟,然后分析比较不同开采布局方案对地表高压供电铁塔的影响,得出最优的开采布局方案,并为 5#煤开采提供布局方案。

5.2.1 数值模拟模型的建立

建立数值模拟模型,模拟不同开采布局方案工作面推进过程中,地表高压供电铁塔的基础下沉和移动变形值,通过计算结果,分析不同开采布局对地表高压供电铁塔的影响。通过概率积分法预计的焦煤矿 8503 工作面开采前方影响边界为 186 m,结合数值模拟开挖影响边界范围,建立如图 5-4 所示的立体模拟模型。

由于需要模拟开采后地表点的下沉、移动变形值,因此,建立从 4#煤层底板到地表的完整地层的模拟模型。从底板到地表岩层较多,根据地质柱状图,将顶板以上的距离相近性质的相似岩层进行合并,建立长、宽、高分别为 640 m、480 m、326.25 m 的数值模拟模型。模型的初始边界条件为四周及底部固定,顶部自由。根据焦煤矿 4#煤层顶底板岩性物理力学试验,选取数值模拟模型的煤岩物理性质与力学强度参数,具体参数见表 5-1。在数值模型开挖前,需要根据煤岩物理力学参数和初始模型边界条件,计算平衡,并将位移清零,再根据不同开采布局方案进行数值模拟分析

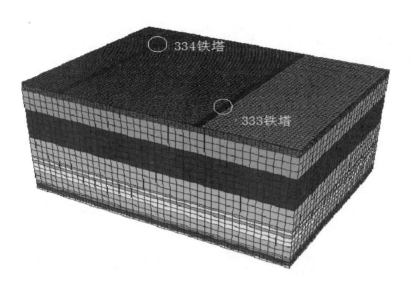

图 5-4　数值模拟计算模型

表 5-1　　　　　　　数值模拟模型的煤岩物理性质与力学强度参数

煤岩岩性	密度/(kg/m³)	体积模量/MPa	剪切模量/MPa	抗拉强度/MPa	黏聚力 C/MPa	内摩擦角 φ/(°)	厚度/m
表土层	1 970	70	20	0.32	0.05	16	19.43
粗砂岩	1 870	1 220	1 058	3.18	9.83	32.30	55.39
中砂岩	2 573	2 580	1 940	5.10	13.58	36.20	50.79
粗砂岩	1 930	1 130	992	3.18	9.83	32.30	33.12
细砂岩	2 568	871	627	12.6	15.65	38.24	57.97
粗砂岩	1 870	1 220	1 058	3.18	9.83	32.30	5.67
泥岩	2 650	1 051	821	4.00	4.89	34.87	8.44
粗砂岩	1 870	1 220	1 058	3.18	9.83	32.30	8.28
泥岩	2 650	1 051	821	4.00	2.80	36.00	25.16
细砂岩	2 660	1 700	1 170	12.6	15.65	38.24	32.07
炭质泥岩	2 320	2 180	570	2.88	4.89	34.87	5.41
粗砂岩	2 700	2 160	1 490	3.18	9.83	32.30	4.78
中砂岩	2 580	2 580	1 940	5.10	13.58	36.20	5.41
煤	1 600	250	40	0.30	1.75	28.00	9.33
泥岩	2 650	847	735	4.00	6.38	30.68	5.00

5.2.2 开采布局方案数值模拟分析

根据目前焦煤矿工作面的设计长度 150 m,在模拟时,也选择 150 m 的工作面进行开挖。在模拟模型的地表,按照地表高压供电铁塔基础所在位置,布置监测点,通过监测点记录高压供电铁塔基础的下沉和水平移动值。将工作面不同推进距离时,高压供电铁塔基础的下沉值、水平移动值绘成曲线,通过高压供电铁塔四个基础的最大下沉值、最大不均匀下沉值、最大水平移动值,分析开采对高压供电铁塔的影响。

(1)高压线路斜穿过工作面布置(实际)模拟分析

333# 高压铁塔随工作面推进四个基础的下沉、水平移动曲线见图 5-5。

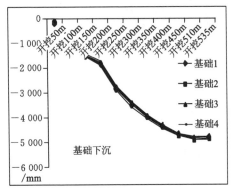 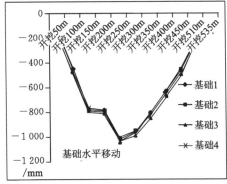

图 5-5　333#基础下沉、水平移动曲线

334# 高压铁塔随工作面推进四个基础的下沉、水平移动曲线见图 5-6。

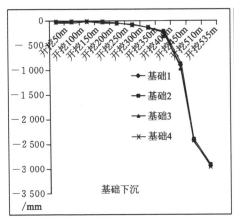 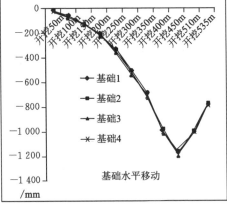

图 5-6　334#基础下沉、水平移动曲线

由图 5-5 曲线可知,工作面推进到停采线时,333# 高压铁塔基础最大下沉值为 4 825.3 mm,四个基础之间的最大不均匀下沉量为 113.5 mm。水平移动值先增大后减小,最大值为 1 028.3 mm,出现在工作面推过高压铁塔 30 m 左右处。

由图 5-6 曲线可知,工作面推进到停采线时,334# 高压铁塔基础最大下沉值为 2 941.7 mm,四个基础之间的最大不均匀下沉值为 112.7 mm,最大水平移动值为 1 185.6 mm。

（2）工作面平行于高压线路布置数值模拟分析

高压线路距工作面 20 m,铁塔基础下沉、水平移动曲线见图 5-7。

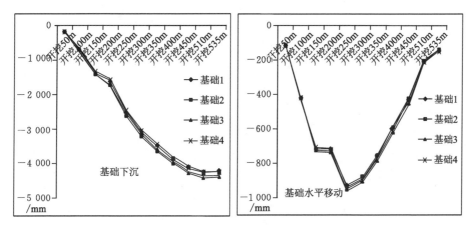

图 5-7　距工作面 20 m 铁塔基础下沉、水平移动曲线基础水平移动

高压线路距工作面 30 m,铁塔基础下沉、水平移动曲线见图 5-8。

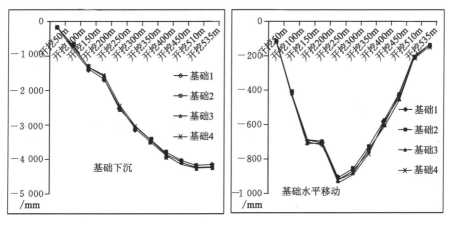

图 5-8　距工作面 30 m 铁塔基础下沉、水平移动曲线

高压线路距工作面 35 m，铁塔基础下沉、水平移动曲线见图 5-9。

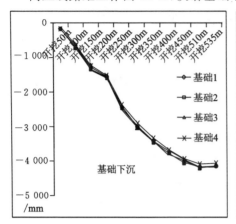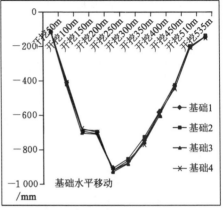

图 5-9　距工作面 35 m 铁塔基础下沉、水平移动曲线

高压线路距工作面 40 m，铁塔基础下沉、水平移动曲线见图 5-10。

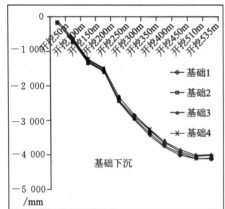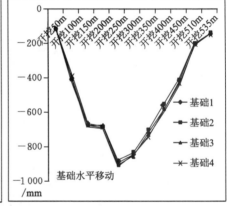

图 5-10　距工作面 40 m 铁塔基础下沉、水平移动曲线

　　高压供电线路与工作面不同间距数值模拟得出四个高压铁塔基础的最大下沉值、最大不均匀下沉值、最大水平移动值如表 5-2 所列。

表 5-2　　　　　　不同间距基础最大下沉值、最大水平移动值

距工作面间距/m	20	30	35	40
基础最大下沉值/mm	4 359.4	4 269.8	4 185.5	4 127.9
基础最大不均匀下沉值/mm	119.2	120.3	120.8	117.4
基础最大水平移动值/mm	949.1	931.9	918.4	909.7

图 5-7 至图 5-10 为高压线路与工作面的间距分别为 20 m、30 m、35 m、40 m 的高压铁塔四个基础的下沉值、水平移动值曲线。从表 5-2 中的高压铁塔基础最大下沉值、最大不均匀下沉值、最大水平移动值可知,高压铁塔基础下沉值在 4 200 mm 左右,基础最大不均匀下沉值在 120 mm 左右,水平移动值最大为 949.1 mm,最小 909.7 mm,随着高压线路与工作面间距的增大,三个指标的值变化均不大。

(3) 工作面垂直于高压线路布置数值模拟分析

工作面走向垂直于高压线路布置时,三条大巷的中间大巷布置在高压线路的正下方,大巷与高压线路平行。根据铁塔位置不同,分为:① 高压铁塔处在与工作面中心线相对应三条大巷中间大巷的上方;② 高压供电铁塔处在两个工作面煤柱中心线对应的三条大巷中间大巷的上方;③ 高压供电铁塔处在工作面外 50 m 处三条大巷中间大巷的上方。大巷煤柱按原设计 30 m,模拟时,按留设 30 m、40 m、50 m 三种停采线煤柱进行模拟。高压铁塔位于第一种位置时,铁塔基础下沉、水平移动曲线见图 5-11。高压铁塔位于第二种位置时,铁塔基础下沉、水平移动曲线见图 5-12。高压铁塔位于第三种位置时,铁塔基础下沉、水平移动曲线见图 5-13。

由图 5-11 至图 5-13,高压供电铁塔处在三种不同位置时,铁塔基础的最大下沉值、最大不均匀下沉值和最大水平移动值,如表 5-3 所列。

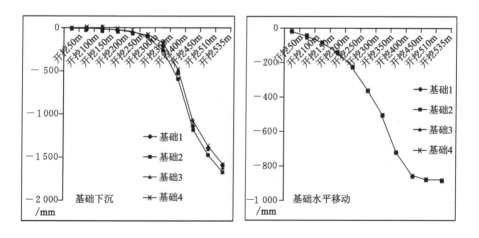

图 5-11　第一种位置时铁塔基础下沉、水平移动曲线

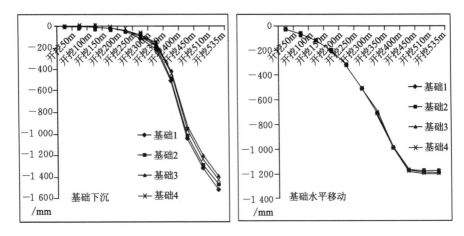

图 5-12 第二种位置时铁塔基础下沉、水平移动曲线

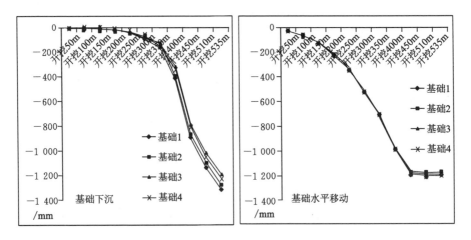

图 5-13 第三种位置时铁塔基础下沉、水平移动曲线

表 5-3 不同位置基础最大下沉值、最大水平移动值

高压铁塔位置	大巷煤柱	两工作面间大巷煤柱	距工作面 50 m 大巷煤柱
基础最大下沉值/mm	1 676.9	1 504.8	1 300.2
最大不均匀下沉值/mm	96.9	112.3	106.6
基础最大水平移动值/mm	1 387.4	1 300.7	1 204.9

由表 5-3 可知,高压铁塔处在三种不同位置时,高压铁塔基础最大下沉值、最大不均匀下沉值和最大水平移动值变化较大。第一种与第三种位置最大下沉值相差 376 mm。

从图 5-11 到图 5-13 可知,工作面推进距大巷 30 m、40 m、50 m 三种停采线时,高压铁塔处在三种不同位置的下沉值相差较大。停采线距大巷 50 m 时,铁塔基础的下沉值分别为 1 173.6 mm、1 037.9 mm、878.9 mm;水平移动值分别为 1 354.8 mm、1 277.3 mm、1 186.2 mm。停采线距大巷 40 m 时,铁塔基础的下沉值分别为 1 463.7 mm、1 306.4 mm、1 119.4 mm;水平移动值分别为 1 381.1 mm、1 289.3 mm、1 191.8 mm。停采线距大巷 30 m 时,铁塔基础的下沉值分别为 1 676.9 mm、1 504.8 mm、1 300.2 mm;水平移动值分别为 1 387.4 mm、1 300.7 mm、1 204.9 mm。停采线距大巷不同距离基础最大下沉值、最大水平移动值、最大不均匀下沉值如表 5-4 所列。

表 5-4　　　　　　不同位置铁塔基础最大下沉值、最大水平移动值　　　　单位:mm

高压铁塔位置		大巷煤柱	两工作面间大巷煤柱	距工作面 50 m 大巷煤柱
停采线距大巷 30 m	基础最大下沉值	1 676.9	1 504.8	1 300.2
	最大不均匀下沉值	96.9	112.3	106.6
	基础最大水平移动值	1 387.4	1 300.7	1 204.9
停采线距大巷 40 m	基础最大下沉值	1 463.7	1 306.4	1 119.4
	最大不均匀下沉值	93.7	108.4	101.4
	基础最大水平移动值	1 381.1	1 289.3	1 191.8
停采线距大巷 50 m	基础最大下沉值	1 173.6	1 037.9	878.9
	最大不均匀下沉值	89.3	102.1	96.2
	基础最大水平移动值	1 354.8	1 277.3	1 186.2

根据表 5-4 可知,停采线距大巷 40 m 时,铁塔基础的最大下沉值比停采线距大巷 50 m 时,三个不同位置铁塔基础的下沉值大约都增加了 300 mm,基础的最大水平移动值相差不大;停采线距大巷 30 m 时,铁塔基础的最大下沉值比停采线距大巷 40 m 时,三个不同位置铁塔基础的下沉值大约都增加了 200 mm,基础的水平移动值变化较小。停采线距大巷 30 m 与 50 m 相比,基础最大不均匀下沉值大约增大了 10 mm,最大水平移动值大约增大了 30 mm。

由上述分析,高压铁塔处在第一种位置,即与工作面中心线相对应三条大巷中间大巷的上方,且停采线距大巷 50 m 时,铁塔基础的不均匀下沉值最小。

5.2.3　三种开采布置方案的保护效果比较

通过对高压线路平行、垂直和斜穿工作面的三种不同开采布局方案的模拟结果对比分析,高压线路斜穿过工作面的布置方案,高压铁塔基础的下沉值、水平移动值比其他两种大;工作面平行于高压线路布置方案,高压线路与工作面不同间距(20 m,30 m,35 m,40 m)高压铁塔基础的最大下沉值、水平移动值相差不大,比高压线路斜穿过工作面的布局方案略小;工作面垂直于高压线路布置方案,高压铁塔基础下沉值、水平移动值比前两种方案小得多。通过对比分析停采线距大巷不同距离(30 m,40 m,50 m),高压铁塔基础最大下沉值、最大不均匀下沉值和水平移动值的变化,得出停采线距离工作面 50 m 布置在大巷位置的高压铁塔受到的影响比煤柱中心线上的铁塔的小,但根据两相邻高压铁塔的档距,另一个高压铁塔位于下一个工作面,还会受到二次采动影响。因此,高压铁塔处在两个工作面煤柱中心线对应的三条大巷中间大巷上方,留 50 m 停采线煤柱对高压供电铁塔的保护效果最好。

5.2.4 高压铁塔安全性分析评价

根据电力部门规程规定要求,通过高压铁塔基础最大不均匀下沉值、最大倾斜值及根开变化值判断高压铁塔的安全性。根据数值模拟数据,经计算:高压线路斜穿过工作面布置时,333# 高压铁塔基础的最大不均匀沉降值为 113.5 mm,最大倾斜值为 18.92 mm/m,根开最大偏差为 24 mm。334# 高压铁塔基础的最大不均匀沉降值为 112.7 mm,最大倾斜值为 18.78 mm/m,根开最大偏差为14.3 mm。

工作面平行于高压线路布置时,高压线路距工作面三种不同间距中,距工作面 40 m 时,高压铁塔基础的最大下沉值、水平移动值最小。经计算,高压铁塔基础的最大不均匀沉降值为 117.4 mm,最大倾斜值为 19.57 mm/m,根开最大偏差为 12.6 mm。

工作面垂直于高压线路布置时,根据数值模拟结果分析,高压铁塔位于与工作面中心线相对应三条大巷中间大巷的上方,距停采线 50 m 时,开采对高压高点铁塔的影响最小,经计算,高压铁塔基础的最大不均匀沉降值为 89.3 mm,最大倾斜值为 14.88 mm/m,根开最大偏差为 7.1 mm。

上述三种不同方案高压铁塔基础的最大不均匀下沉值、最大倾斜值、根开偏差值的计算结果,与供电部门规程要求标准对比,发现三种方案的基础最大不均匀下沉值、倾斜值均超过了《架空输电线路运行规程》的规定,基础根开的变化值基本在允许范围内。由不同开采方案高压铁塔安全性分析(见表5-5),结合工作面平行、斜穿、垂直高压线路三种方案对比结果可知,工作面垂直于高压线路布置方案,高压供电铁塔位于与工作面中心线相对应三条大巷中间大巷的上方,停采线距大巷 50 m 时,铁塔基础最大不均匀下沉值、最大倾斜值、根开偏差最小,开采布局对高压供电铁塔的保护效果最好。

表 5-5	不同开采方案高压铁塔安全性分析		
内容	基础最大不均匀沉降值/mm	基础最大倾斜值/(mm/m)	基础根开变化值/mm
规程要求标准	25.4	10	$\leqslant 0.004B(\leqslant 24)$
线路斜穿工作面　333 铁塔	113.5	18.92	24
334 铁塔	112.7	18.78	14.3
线路平行工作面(距 40 m)	117.4	19.57	12.6
线路垂直工作面(留 50 m)	89.3	14.88	7.1
安全性	不安全	不安全	安全

5.3　多煤层开采地表沉陷控制的工作面开采布局与关键技术参数研究

5.3.1　焦煤矿下部两层煤开采的开拓布局主要原则

焦煤矿 4# 煤层即将开采完毕,仅剩 1 个 8507 工作面,今后必须开采布置下部的 5# 煤层。从近期来看,煤炭市场极不景气,采用充填开采 5# 煤层前期设备投资大,运行费用高,且与一般开采相比,多一套充填系统,如此产量与效益将会很受影响。因此,近期不可能采用充填控制地表沉陷的方法保护井田内的高压供电线路及铁塔设施。唯一可行的方法,是通过合理的下煤层开拓布置和工作面布置,留设合理的煤柱以及确定安全的工作面停采线,使线路铁塔位于影响区之外或者仅受轻微的影响,不影响其安全运行,实现最大程度的高产高效和低投入高产出。

为此,结合焦煤矿 4# 煤综放开采的地表移动实测研究、5# 煤层开采地表移动数值模拟研究以及高压线路安全影响的评价分析等,对 5# 煤层按照合理布置开拓大巷、合理布置工作面以及留设合理煤柱宽度、确定适宜停采线位置的一系列技术措施,最终实现输电线路的安全保护和正常运行。

5# 煤层开拓布置时,经过全面仔细考虑,其主要原则是:

(1) 充分利用上部 4# 煤层的巷道工程,延深进入 5# 煤层,布置开拓系统;

(2) 将 5# 煤层开拓大巷与地面线路的方向,平行布置,即使地表线路位于大巷的煤柱内,实现既不搬迁,又减小移动变形,维持其安全运行;

(3) 大巷留设合理的煤柱宽度,工作面按照带区式布置(近水平煤层),并研究确定科学合理的停采线位置。

5.3.2 采(盘)区布置原则

焦煤矿 5# 煤层采盘区布置,特别是首采采(盘)区的布置,应满足如下原则:

(1) 尽快形成 5# 煤层的采区巷道与回采巷道,做好两煤层之间的接替准备工作,以减少对矿井产能的影响;

(2) 煤层倾角 3°～4°,为近水平煤层,在盘区内,工作面可按照带区式布置,以便简化生产系统;

(3) 盘区内,因 5# 煤层为特厚煤层,考虑到开采技术的连续性,开采方法仍采用综放工艺,以提高经济效益。

(4) 选择适宜的盘区尺寸参数,以便减少工作面搬家次数,降低搬家费用。

5.3.3 开采布局的关键技术参数研究与确定

5.3.3.1 考虑保护地面线路安全的 5# 煤开拓布置关键技术参数确定

对于特厚煤层,采用综放开采时,地表移动影响大。因此为减小沉陷的影响,在开拓布置时,首先将线路(铁塔)布置在大巷煤柱之内,有效降低沉陷;其次留设合理的大巷煤柱,工作面采用盘区条带布置,确定合理的工作面停采线位置,使线路处于工作面开采的地表移动影响之外,或使线路受沉陷的影响不大,最终达到保护线路安全运行的目的。

对于开拓部署的关键所在,主要是确定煤柱宽度参数以及保护线路安全运行的煤柱宽度(即停采线位置)参数,为此采用留设煤柱保护的方法进行。

依照压煤开采与煤柱留设规定,按照地面线路的等级,在充分研究焦煤矿地表移动规律的基础上,预先留设足够的保护煤柱,以使输电线路的变形在允许范围内,不影响其安全运行状态。

矿区建(构)筑物的保护等级划分见表 5-6。各保护等级的维护带宽度见表 5-7。

表 5-6   矿区建(构)筑物保护等级划分

保护等级	主要建(构)筑物
I	国务院命令保护的文物和纪念性建筑物;一等火车站,发电厂主厂房,在同一跨度内有两台重型桥式吊车的大型厂房,平炉,水泥厂回转窑,大型选煤厂主厂房等特别重要或敏感的、采动后可能发生重大生产、伤亡事故的建(构)筑物;铸铁瓦斯管道干线,大、中型矿井主要通风机房,瓦斯抽放站,高速公路,机场跑道,高层住宅等

保护等级	主要建(构)筑物
Ⅱ	高炉,焦化炉,220 kV 以上超高压输电线路塔杆,矿区总变电站,立交桥,钢筋混凝土框架结构的工业厂房,设有桥式吊车的工业厂房,铁路煤仓、总机修厂等较重要的大型工业建(构)筑物;办公楼,医院,剧院,学校,百货大楼,二等火车站,长度大于 20 m 的二层楼房和三层以上多层住宅楼;输水管干线和铸铁瓦斯管道支线;架空索道,电视塔及其转播塔,一级公路等
Ⅲ	无吊车设备的砖木结构工业厂房,三、四等火车站,砖木、砖混结构平房或变形缝小于 20 m 的两层楼房,村庄砖瓦民房;高压输电线路杆塔,钢瓦斯管道等
Ⅳ	农村木结构承重房屋,简易仓库等

表 5-7　　　　　　　建(构)筑物各保护等级的维护带宽度

建(构)筑物保护煤柱等级	Ⅰ	Ⅱ	Ⅲ	Ⅳ
围护带宽度/m	20	15	10	5

焦煤矿地面输电线路电压等级为 550 kV,属于 220 kV 以上的高压输电线路塔杆,划分为 Ⅱ 级保护,因此其维护带宽度应为 15 m。因铁塔的基础为 6 m×6 m,考虑到单个基础的宽度,将其放大为 8 m,则以铁塔中线算起,总宽度应为 23 m。

在焦煤矿机械化开采升级改造的地质报告中,提供了 5 个钻孔,即 23 号、41 号、58 号、59 号和 64 号钻孔,各钻孔的表土层厚度、至 5# 煤层的岩层厚度等见表 5-8。由表可见,焦煤矿 5# 煤层表土层平均厚度 11.30 m,岩层厚度平均 249.77 m,埋深平均 306.03 m,煤厚平均 10.34 m。

表 5-8　　　　　　　焦煤矿地质钻孔的基本参数统计

钻孔编号	表土厚度/m	岩层厚度/m	开采深度/m	煤层厚度/m	备注
23	11.72	307.57	319.29	15.24	至 5# 煤的岩层厚度
41	1.50	248.90	250.20	10.15	
58	4.57	314.48	319.05	10.47	
59	11.55	295.61	307.16	4.13	
64	27.16	307.31	334.47	11.70	
均值	11.30	294.77	306.03	10.34	

在地表单侧维护宽度为 23 m 的情况下,依据焦煤矿的岩层柱状,建立 5# 煤

层开采的地面铁塔保护煤柱预测模型,如图 5-14 所示。

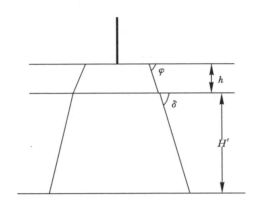

图 5-14 5[#]煤层开采线路保护煤柱留设

根据焦煤矿的岩层移动观测结果,取表土层移动角为 45°,岩层移动影响角为 58°,按照实测分析,地表移动的拐点偏移距 $S=68.5$ m,则为保护地表线路安全运行的 5[#]煤开采的煤柱总宽度为:

$$L = L_w + h\cot\varphi + H'\cot\delta$$
$$= 23 + 11.3\cot 45° + 294.77\cot 58° - 68.5$$
$$= 149.99(\text{m})$$

为此,按照保护煤柱的设计,其应留设的最大煤柱宽度应为 149.99 m。

5.3.3.2 焦煤矿 5[#]煤开采布置方案

根据 5[#]煤层地质条件,结合采盘区布置原则,将焦煤矿 5[#]煤层首采工作面确定在井田西部区域,在此区域内,煤层赋存稳定,且厚度大。为最大限度地减小地表移动变形,保护地表高压供电线路安全运行,在 5[#]煤层开拓布置时,将高压线路(铁塔)布置在大巷煤柱之内,工作面采用盘区条带式布置,5[#]煤首采区开采布置方案见图 5-15。工作面停采线确定为距高压线路 80 m,使供电线路受工作面开采的地表移动影响较小。

根据 5[#]煤层首采区开采布置方案,为确保尽早出煤,将 5[#]煤首采区(一采区)首采工作面布置在首采区的东面,见图 5-15,根据首采工作面的停采线位置,首采工作面的开采不会对高压供电线路产生影响。

5.3.4 5[#]煤层高压供电铁塔保护措施

由图 5-15 可见,334[#]高压供电铁塔位于 5[#]煤 5102 工作面大巷煤柱上方,根据不同位置高压铁塔安全性评价及 5[#]煤层开采的地面铁塔保护煤柱预测分

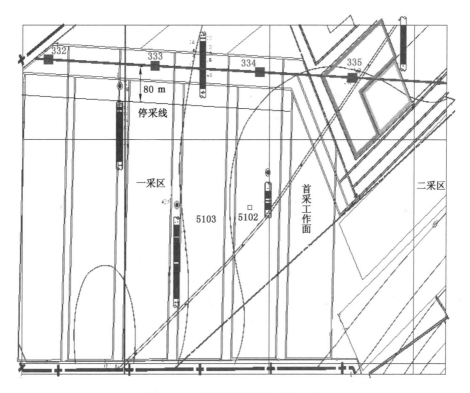

图 5-15　5#煤首采区开采布置方案

析,5102 工作面开采到后期会使 334#铁塔变形值超出供电线路运行规程的规定,因此,需要对 334#铁塔采取保护措施,保证高压线路安全运行。

焦煤矿地表高压线路上的高压铁塔基础为分列式,如图 5-16 所示,基础 3 和基础 2、基础 4 和基础 1 平行。由 5#煤层工作面布置与高压铁塔的关系,工作面向前推进时,高压铁塔基础工作面一侧的(基础 2、3)受采动影响产生的下沉值、水平移动值基本相等,同样,另一侧(基础 3、4)也基本相等。因此,在对高压铁塔采取保护措施时,需要使一侧的两个基础下沉值、水平移动值与另一侧基本相等。根据 5#煤层工作面的布置,结合高压铁塔的特点,5#煤开采时,高压供电铁塔线路的具体保护措施:

(1)根据铁塔基础的分列式基础的特点,在工作面推进到对高压供电铁塔有影响的范围时,采用在铁塔基础 1 和基础 4 一侧增设拉线,通过调节拉线上的调节金具,调节拉线的张力。使高压线路两侧的基础变形移动值处在安全范围,保证开采过程中高压线路的安全性。

(2)在工作面推进过程中,需要对高压线的弧垂度进行观测,及时调节高压

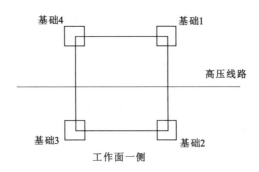

图 5-16　高压铁塔基础与线路关系

线的松弛度,确保弧垂度在电力部门规程范围内。

(3) 开采到对高压铁塔有影响的范围时,应尽量保持工作面连续、匀速开采,使高压铁塔基础缓慢匀速移动变形。

(4) 在工作面推进到对高压铁塔有影响时,需要对高压供电铁塔基础的移动变形进行监测,必要时,可派专门技术人员对铁塔基础进行定期监测,以便及时采取措施对高压供电铁塔进行保护。

5.4　本章小结

(1) 不同的开采布局方案对地表高压供电线路的保护效果不同,根据焦煤矿地表高压供电线路与工作面的走向位置关系,提出了高压供电线路斜穿、平行、垂直工作面三种开采布局方案。

(2) 通过比较三种不同开采布局方案的数值模拟分析结果,高压线路斜穿过工作面的方案对高压铁塔的影响比另两种方案大得多;工作面平行于高压线路的布置,随着间距(20 m,30 m,35 m,40 m)不断增大,高压供电铁塔基础的下沉值和水平移动值变化较小;工作面垂直于高压线路布置时,铁塔基础的下沉值和水平移动值均小于其他方案。

(3) 通过对比分析停采线距大巷不同距离(30 m,40 m,50 m),高压铁塔基础最大下沉值、最大不均匀下沉值和水平移动值的变化,得出停采线距离工作面50 m布置在大巷位置的高压铁塔受到的影响比煤柱中心线上的铁塔的小,但根据两相邻高压铁塔的档距,另一个高压铁塔位于下一个工作面,还会受到二次采动影响。因此,高压铁塔处在两个工作面煤柱中心线对应的三条大巷中间大巷上方,留50 m停采线煤柱对高压供电铁塔的保护效果最好。

(4) 通过对三种开采布局方案高压供电铁塔安全性分析,三种开采布局方案的铁塔基础的移动变形值均超过了《架空输电线路运行规程》的规定,工作面垂直于高压线路布置,高压供电铁塔位于与工作面中心线相对应三条大巷中间大巷的上方,停采线距大巷 50 m 时,铁塔基础最大不均匀下沉值为 89.3 mm、最大倾斜值为 14.88 mm/m、根开偏差为 7.1 mm,高压铁塔基础的移动变形值最小,对高压供电铁塔的保护效果最好。

(5) 根据 5# 煤层地质条件,结合采盘区布置原则,将焦煤矿 5# 煤层首采工作面布置在井田西部区域,将高压线路(铁塔)布置在大巷煤柱内。在工作面开采至对高压铁塔有影响时,采用增设拉线、保持连续匀速开采等方法,对高压铁塔进行保护,使供电线路处在安全运行范围内。

第6章 焦煤矿多煤层充填开采保护
供电铁塔的研究

6.1 概述

供电铁塔是特殊的基础设施,在煤矿采区范围内的供电铁塔由于受到地下煤层采动的影响,其稳定性和安全性面临着巨大的挑战,如果地表下沉的变形量超过了铁塔构件所能允许的最大变形值,会造成铁塔的倾斜,甚至倒塌。从而使输电线路遭到破坏,影响周围居民正常的生产生活。更为严重的是高压线路的坠落会对人们的生命财产造成巨大的安全隐患。

为了保证供电铁塔下煤炭资源的顺利安全开采,需采取有效的防止地面塌陷的开采方式,充填开采是煤矿常见的降低地表沉降变形的有效方法之一。煤矿充填开采主要分为干式充填、膏体充填和高水充填,膏体充填是将煤矸石、粉煤灰等固体废弃物制备成一定浓度的膏状呈流动状的浆体,通过管道输送至采空区,凝固后形成充填体对上覆岩层起有效支撑作用。由于煤矿膏体具有煤矿固体废弃物有效利用以及控制地表沉陷效果较好的优点,因此可将煤矿膏体充填技术作为保护供电铁塔的开采方式[129-134]。

大同焦煤矿矿区内高压铁塔下煤炭资源较多,其中含有大量的保护煤柱,资源储量总计为 1 982 万 t,由于地质条件、泵送距离和开采方式的限制,选择 4# 煤层为充填开采的开采方式,4# 煤层矿界范围内高压铁塔保护煤柱资源储量总计为 170 万 t,其中可以确定的经济基础储量为 1 600 万 t,推断内部拥有的资源储量约为 109 万 t。高压线塔在焦煤矿井田内及 8503 工作面内压煤量巨大。

6.2 多煤层充填开采的充填材料与技术研究

6.2.1 充填材料的选择

为了使充填体具有一定的稳定性和强度,选择胶结性充填材料,其中加入水泥作为胶凝材料。水泥主要分为普通硅酸盐水泥、硅酸盐水泥、矿渣水泥、粉煤灰水泥以及复合水泥等,根据充填材料要求水泥具有经济成本低和大批量容易获取的要求,选取硅酸盐水泥作为胶凝材料,在保证充填材料性能满足充填要求的条件下,应尽量保证充填材料中选取较少量的硅酸盐水泥,以降低充填材料的经济成本。

充填材料中还需加入集料,可用作充填材料集料的有破碎后的矸石颗粒、破碎后的废弃混凝土、河卵石、砂子等,集料在充填材料中的主要作用体现在[135-142]:

(1)影响充填材料料浆的工作性能,水泥浆体包裹在集料表面,能减少在搅拌、管道输送过程中集料颗粒之间的摩擦阻力,并能保持集料的悬浮,使料浆不产生分层离析。同时,集料的表面会产生水膜,改善料浆的工作性能。理想的集料表面应该光滑,颗粒形态近似于球形,河砂和小粒径的河卵石是较为理想的细集料。

(2)集料之间相互支撑,起到骨架作用,进而提高充填材料的强度,为了使凝固后的充填体能满足支撑顶板的强度,选择本身具有一定强度的材料作为集料,破碎后的矸石和废弃混凝土均可成为充填材料的集料,同时应保证集料具有连续级配。

(3)降低充填材料的经济成本。如果充填材料中使用过多的胶凝材料,会造成经济成本的上升,在满足充填材料强度的前提下,应选择固体废弃物作为集料,替代胶凝材料。

充填材料配比中通常要加入部分种类的添加剂,加入以混凝土的添加剂为主,包括减水剂、早强剂、缓凝剂等。目的是为了改善充填材料料浆的工作性能,使其能顺利在管道中输送,防止堵管的发生。

6.2.2 充填材料的原料

根据 4# 煤层实际的地质条件、周边是否有合适的固体废弃物和经济成本充分考虑,选取砂子、煤矸石、水泥和减水剂为原料,制备胶结性膏体充填材料料浆。其中,水泥作为充填材料的胶凝材料,选用怀仁县水泥厂 Q425 硅酸盐水泥;砂子作为细骨料,煤矸石和建筑垃圾作为粗骨料,煤矸石来自大同焦煤矿的矸石山;添加剂为聚羧酸减水剂。

细骨料的级配,即细度模数对充填材料的工作性能和后期力学性能会产生重要的影响,一般情况下,选择充填材料的细骨料时,细度模数最小为 2.3,最大为 3.2,且级配良好,砂子的细度模数通过试验的方法确定。

取 500 g 干燥后的砂子,放入一套孔径为 4.75 mm、2.36 mm、1.18 mm、600 μm、300 μm 和 150 μm 的标准筛中,见图 6-1 和图 6-2。每层筛上,筛余量占

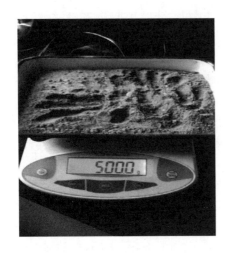

图 6-1　粒径分析试验用砂称重

图 6-2　方孔标准筛

砂样总质量的百分比用 a_1、a_2、a_3、a_4、a_5、a_6 表示，每一筛与其上层各筛所有质量之和占总体质量百分比用 A_1、A_2、A_3、A_4、A_5、A_6 表示，见表 6-1。

表 6-1　　　　　　　　　　　砂分析筛余量计算图表

筛孔尺寸	分计筛余/%	累计筛余/%
4.75 mm	a_1	$A_1 = a_1$
2.36 mm	a_2	$A_2 = a_1 + a_2$
1.18 mm	a_3	$A_3 = a_1 + a_2 + a_3$
600 μm	a_4	$A_4 = a_1 + a_2 + a_3 + a_4$
300 μm	a_5	$A_5 = a_1 + a_2 + a_3 + a_4 + a_5$
150 μm	a_6	$A_6 = a_1 + a_2 + a_3 + a_4 + a_5 + a_6$

根据细度模数公式：

$$M_x = \frac{(A_2 + A_3 + A_4 + A_5 + A_6) - 5A_1}{100 - A_1}$$

式中　M_x——细度模数。

试样砂累积筛余百分比见表 6-2。

表 6-2　　　　　　　　　　　试样砂累积筛余百分比

A_1	A_2	A_3	A_4	A_5	A_6
9.44%	24.2%	36.64%	56.59%	83.54%	93.46%

　　根据公式计算,结合试验结果,得到砂子的细度模数 M_x 为 2.834。粗砂的细度模数在 3.1～3.7 之间,中砂的细度模数在 2.3～3.0 之间,细砂的细度模数在 1.6～2.2 之间,特细砂的细度模数在 0.7～1.5 之间。根据以上分类结果,试验所取砂子样品属于中砂。通过判断混凝土对细骨料级配的选择,该砂适合作为充填材料的细骨料。

　　细骨料级配的选择一方面会影响到充填材料的强度,由于细骨料对于填充粗骨料之间搭建的支撑网络之间的空隙具有重要的作用,细骨料的级配不合理时,无疑会降低网络体系的稳定结构,留存大量的空隙,从而降低充填材料的抗压强度。另一方面,会影响充填材料的经济成本,不合理的细骨料级配,在相同的抗压强度的前提下,需要更多的水泥水化产物填充空隙,增加水泥用量,增加经济成本。

6.2.3　试验方案设计和试验过程

　　为了使充填材料达到充填开采的要求,在进行原料配比时要充分考虑充填材料的性能,主要包括充填料浆的工作性能和强度特性。研究充填料浆的工作性能,对于确定充填泵的泵送功率,设计充填管道的材质和走向,评估充填料浆堵管的风险具有重要的作用和价值,充填料浆的工作性能包含了对料浆坍落度和流变特性的测试,坍落度指充填料浆的塑化性能和可泵性能,主要包括保水性、流动性和黏聚性,流变特性主要运用流变仪对屈服应力等参数进行测试。本书主要研究坍落度,因为其直观表现充填料浆是否满足输送的要求,使充填料浆做到不泌水、不离析、不沉淀。充填材料的强度测试主要是对充填材料不同龄期的单轴抗压强度的测试,包括前期和后期的测试,前期关系到充填体是否能快速凝固,对顶板形成有效支撑,后期强度关系到充填体和上覆岩层能否形成稳定的岩层结构,减少地下开采对地表沉陷的影响。

　　组成充填材料的原料种类和性质、含水量(质量浓度)直接影响着充填材料的工作性能和强度性能,此外还受外加剂以及时间和温度的影响。结合焦煤矿的实际条件,在试验过程中,主要的材料是水泥、砂子以及矸石和水。为了降低充填材料和管壁之间的摩擦力,加入"粉煤灰"起到润滑作用,还可以发生火山灰反应,增加充填材料的后期强度。通过设计正交试验方案,得出质量浓度、水泥含量和骨料级配对充填材料的影响。

　　采用膏体材料充填时,材料的质量浓度一般为 60%～80%,含砂率的大小为 15%～50%,平均每立方米水泥用量大约为 60～150 kg。设质量浓度、细骨料含量和水泥用量分别为影响因子 A、因子 B 和因子 C。设计以下三种试验方案:① A_1 为浆体浓度 62%;B_1 为粗骨料取 7.5 kg,细骨料取 1.5 kg;C_1 为水泥用量 0.3 kg。② A_2 为浆体浓度 72%；B_2 为粗骨料取 6 kg，细骨料取 3 kg；C_2 为水泥用量 0.6 kg。③ A_3 为浆体浓度 82%；B_3 为粗骨料取 4.5 kg，细骨料取 4.5 kg；C_3 为水泥用量 0.9 kg。对三种方案，进行全面试验，需要 27 次。为了得到全面可靠的数据结果，同时降低试验次数，得到有效经济的配比方式，选用表 6-3 的正交试验方法。

在本次正交试验过程中，不考虑交互作用，选用简单的 9 个水平试验方案代替全部试验，从中得出影响因子 A、B、C 在试验组中的影响系数，根据九组试验结果，从中选取具有代表性的可靠的配比结果，归纳为如表 6-3 所列的正交试验结果。

表 6-3　　　　　　　　　　　　　正交试验表

因子安排				试验方法			
编号	A_i	B_i	C_i	水平组合	试验条件		
					浓度 /%	粗骨料、细骨料含量/(kg/m³)	水泥用量 /(kg/m³)
1	1	1	1	$A_1B_1C_1$	62	7.5,1.5	0.3
2	1	2	2	$A_1B_2C_2$	62	6,3	0.6
3	1	3	3	$A_1B_3C_3$	62	4.5,4.5	0.9
4	2	1	2	$A_2B_1C_2$	72	7.5,1.5	0.6
5	2	2	3	$A_2B_2C_3$	72	6,3	0.9
6	2	3	1	$A_2B_3C_1$	72	4.5,4.5	0.3
7	3	1	3	$A_3B_1C_3$	82	7.5,1.5	0.9
8	3	2	1	$A_3B_2C_1$	82	6,3	0.3
9	3	3	2	$A_3B_3C_2$	82	4.5,4.5	0.6

试验过程如下：

参照《普通混凝土拌合物性能试验方法标准》(GB/T 50080—2016)制备本次充填材料试验样品并测试材料性能。

(1) 测量坍落度，如图 6-3 所示，具体过程如下：① 制备料浆。将固体材料按照一定配比倒入到搅拌机中，控制搅拌机转速为 18～22 r/min，等到其充分混合后，加入水，继续搅拌 2～3 min，直到搅拌均匀。② 进行坍落度试验。首先将一块钢板润湿，将坍落度桶放在钢板上，把料浆注入桶内，敲打捣实。然后迅速提起坍落度桶，由于自重和摩擦力的影响，除去束缚后，料浆自然塌落，待料浆塌落稳定后，将桶放在已塌落的料浆旁，将坍落度尺架在桶上，另外用尺子测量坍落度尺与充填材料料浆的最高点的高度差,其高度差即为坍落度的大小,单位为毫米,测量精确值为 1 mm。

(a) 试验组2坍落度

(b) 试验组3坍落度

(c) 试验组7坍落度　　　　　　　　(d) 试验组9坍落度

图 6-3　坍落度试验

(2)测量抗压强度:按照试验方案,将材料称重,混合均匀后,制作成边长为 100 mm 的试件,并在室温(20±2)℃,相对湿度 95%RH 以上的养护室内进行养护,参照《普通混凝土力学性能试验方法标准》(GB/T 50081—2002),采用 STYE-3000C 型电脑全自动压力试验机在 3 d、7 d 和 28 d 的龄期对试件的抗压强度进行测试,试验过程中,最大试验力 3 000 kN,活塞上升高度 10 cm,以 0.3~0.5 MPa/s 的速度连续均匀加载。

6.2.4 试验结果与分析

6.2.4.1 坍落度试验结果

通过参考已有试验结果,查阅相关文献。低塑性混凝土的坍落度在 10～50 mm 之间;流动性混凝土的坍落度在 50～100 mm 之间;坍落度超过 150 mm,为高流动性混凝土[143]。

正交试验结果见表 6-4。从表中可以得出,在第 1、2、3、5、7 试验组中,坍落度均在 200 mm 以上,部分试验结果见图 6-3(a)～(c)。通过对图 6-3(a)～(c)进行分析,在料浆周围,有大量的水析出,发生了严重的离析,这是因为实验组 1、2、3 中,料浆浓度低,含水量大,骨料和胶凝材料对水分的吸收能力有限,造成大量的水自由流失。试验组 5 和试验组 7 由于水泥含量多,相对应骨料含量低,由于骨料的吸水能力强,所以这两组的坍落度较大。根据图 6-3(d),试验组 9 的材料配比中,料浆的流动性较差,坍落度较小。综合分析以上试验结果,坍落度太大的料浆,会产生离析现象,在运输过程中,会产生黏管现象,造成堵塞,后期强度也会受到影响;坍落度太小的料浆,对充填泵的要求较高,工作性能不能达到泵送标准。所以,坍落度是衡量充填材料保水性和流动性的指标,通过合理配比,可以满足充填材料的输送要求。

表 6-4　　　　　　　　　　正交试验组中坍落度测量结果

试验组	水平组合	坍落度/mm	扩散度/(mm×mm)
1	$A_1 B_1 C_1$	281	900×860
2	$A_1 B_2 C_2$	249	580×470
3	$A_1 B_3 C_3$	211	740×720
4	$A_2 B_1 C_2$	194	540×510
5	$A_2 B_2 C_3$	225	450×400
6	$A_2 B_3 C_1$	169	310×295
7	$A_3 B_1 C_3$	209	230×210
8	$A_3 B_2 C_1$	193	188×150
9	$A_3 B_3 C_2$	143	160×140

6.2.4.2 抗压强度试验结果

对比之前 9 组材料坍落度试验的结果,只有试验组 2、4、5、7、8 满足充填料浆的输送要求,所以只对这几组材料进行抗压试验。试验结果见图 6-4,从图中可以得出,随着龄期的增加,每组试样的抗压强度增大。由于试验组 5 水泥含量最大,水灰比适中,粗细骨料比例适中,水泥充分进行水化反应,这些条件可以形成稳定的支撑体系,所以改组试样抗压强度最大;试验组 8 由于水泥含量低,无法充分反应,难以有效包裹在骨料表面,强度最低。

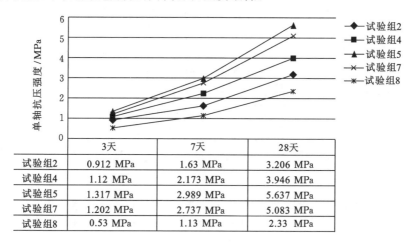

	3天	7天	28天
试验组2	0.912 MPa	1.63 MPa	3.206 MPa
试验组4	1.12 MPa	2.173 MPa	3.946 MPa
试验组5	1.317 MPa	2.989 MPa	5.637 MPa
试验组7	1.202 MPa	2.737 MPa	5.083 MPa
试验组8	0.53 MPa	1.13 MPa	2.33 MPa

图 6-4　各个试验组单轴抗压强度与养护时间的关系

根据以上试验结果,水泥含量、水灰比以及骨料的级配是影响材料抗压强度的主要因素,水泥含量是最直观、最重要的因素,但是,水泥的经济成本是所有原料中最高的,所以,在制作充填材料时,应尽量减少水泥的用量。由于供电铁塔属于重要建筑物,对稳定性要求较高,必须控制地表下沉,对充填体的强度具有较高的要求,从充填体的角度出发,在配料时,需要加入更多水泥。此外,骨料的级配也是影响充填材料的重要因素,合理的骨料级配,可以进一步提高充填材料的强度。

$$\sigma_{c} \geqslant \frac{5(1+K)}{3\left(0.64+0.36\,\dfrac{b}{h}\right)^{1.4}}\gamma H \tag{6-1}$$

式中　σ_{c}——充填体理论单轴抗压强度,MPa;

K——充填间距与充填体宽度的比值,$K=c/b$;

c——充填间距,m;

b——充填体宽度,m;

γ——上覆岩层容重,t/m³;

H——煤层埋藏深度,m;

h——充填体高度,m。

根据公式(6-1),当充填比例提高时,可以降低对充填材料的强度要求。选用强度较高的充填材料时,选用条带式充填方式可以降低充填成本,但必须控制好充填宽度和充填间距。

采用充填材料充填时,要求材料在很短的时间内就可以自立,所以,要求充填体有较短的凝固时间。蔡嗣经教授通过理论证明,采高越大,充填体早期强度越大。相关充填材料早期强度的要求,见表 6-5。

表 6-5　　　　　　　　　　有关充填材料早期强度的要求

充填体高度/m	需求强度/MPa	充填体高度/m	需求强度/MPa
2.0	0.19	10.0	0.55
2.5	0.22	15.0	0.72
5.0	0.35	20.0	0.87

结合大同焦煤矿具体开采技术条件,4#煤层的厚度为 9.33 m,充填体的早期强度要高于 0.55 MPa。试验组 8 的试样无法达到充填材料强度要求。

6.3　经济效益分析

6.3.1　充填材料费用预算

(1) 充填材料来源及价格

① 粗骨料:焦煤矿在回采过程中的煤矸石可以用来作为粗骨料。矸石的原料成本为 0 元,运输过程中会产生一些成本,加上破碎矸石的折旧费和电费,估计成本价格为每吨 30 元。

② 细骨料:选用砂石作为充填材料的细骨料,主要来源于焦煤矿的周边区域,总计成本为每吨 25 元。

③ 胶结材料:选用大同当地生产 425 高强度普通硅酸盐水泥。市场价格为每吨 400 元。

④ 添加剂:选用高性能减水剂(聚羧酸),价格大约为每吨 5 800 元。

⑤ 水:制作膏体过程中,所用的水来源于自建井,算上运输费用在内,估计价格为每吨 3 元。

(2) 根据试验结果,试验组 2 为最佳配比。

各原料所占比例分别为:水泥,3.8%;粗骨料,39%;细骨料,19.5%;水,38.2%。

通过实验室测定密度,得到各种原料的密度为:水泥,3.1×10^3 kg/m³;煤矸石,2×10^3 kg/m^3;砂石,2.7×10^3 kg/m^3;水,1×10^3 kg/m^3。制备 1 m^3 的充填膏体,需要各种原料质量和成本计算如下(由于添加剂用量较少,其在制备过程中的质量可以忽略不计):

$$水泥:\frac{3.8\% \times 1\,000 \times (0.6+5.88+6+3)}{\frac{0.6}{3.1}+\frac{6}{2}+\frac{3}{2.7}+\frac{5.88}{1}}=57.8\,(kg)$$

$$细骨料:\frac{39\% \times 1\,000 \times (0.6+5.88+6+3)}{\frac{0.6}{3.1}+\frac{6}{2}+\frac{3}{2.7}+\frac{5.88}{1}}=593.6\,(kg)$$

$$粗骨料:\frac{19.5\% \times 1\,000 \times (0.6+5.88+6+3)}{\frac{0.6}{3.1}+\frac{6}{2}+\frac{3}{2.7}+\frac{5.88}{1}}=296.8\,(kg)$$

$$水:\frac{38.2\% \times 1\,000 \times (0.6+5.88+6+3)}{\frac{0.6}{3.1}+\frac{6}{2}+\frac{3}{2.7}+\frac{5.88}{1}}=581.5\,(kg)$$

1 m^3 充填体所需要的成本:

$$水泥:\frac{57.8 \times 400}{1\,000}=23.1(元)$$

$$粗骨料:\frac{593.6 \times 30}{1\,000}=17.8(元)$$

$$细骨料:\frac{296.8 \times 25}{1\,000}=7.42(元)$$

$$水:\frac{581.5 \times 3}{1\,000}=17.4(元)$$

$$添加剂:\frac{(57.8+593.6+296.8+581.5) \times 0.05\% \times 5\,800}{1\,000}=4.4\,元$$

通过以上计算,制备 1 m^3 的膏体,需要原料成本为 70.12 元。膏体充填到采空区后,会发生凝固,体积减小。取 1.15 干缩系数,则最终原料成本为 80.64 元。

6.3.2　机械人工费用

(1) 机械费

机械设备在使用过程中,会产生一定的损耗。为了最大限度地发挥机械的使用效益,降低生产成本,根据合理经济效益最优的原理,5 年为最佳适应年限,使用期限低于 5 年可以实现整个机械系统 95% 的价值,超过 5 年,机械的残余价值为采购价值的 5%。综合各厂家近年来的机械价格报表,对于该矿的充填系统,前期成本投入约为 1 860 万元,投资部分见表 6-6,则折旧费计算如下:
18 600 000 $\times$ (1$-$5%)/(5 $\times$ 450 000/1.31)$=$10.29 元。

表 6-6 充填系统部分投资估算

序号	项目名称	估算/万元
1	矸石破碎子系统	220
2	配比子系统	500
3	管道输送子系统	500
4	充填工业泵	350
5	其他配套工程费用	290
6	总计	1 860

动力成本:采空区充填时,充填系统需要全负荷运转,最大功率为 700 kW。该系统的充填量为每小时 120 m^3。充填过程中的动力来源为电力,考虑 0.7 的负荷系数,所以,充填单位体积膏体需要的电费为:$\dfrac{0.5 \times 0.7 \times 700}{120} = 2.04$ 元。

(2) 人工成本

需要安排专人进行充填作业,根据充填开采施工工艺流程,初步安排如下:设立三个充填班组,其中两个为工作班,一个为检修班。三个班的人员配比采用 2:2:1,总人数不能超过 30 人。根据大同当地的工资标准,井下工作人员的工资标准为每月 8 000 元,地面人员为每月 4 000 元。考虑到人员出勤效率以及充填系统充填效率,初步计算每立方米充填人工费用在 5.56 元,综合考虑管理费用,充填成本为每立方米 2 元。

(3) 其他费用

机械在运转过程中,需要定期维护,有故障时要及时修理,充填班组会产生办公费用,折算到充填成本为每立方米 5 元。在试验过程中,考虑到各种费用,折算到每立方米的充填材料,成本如表 6-7 所列。

表 6-7 设计试验配比单位体积充填总成本

试验组	2	4	5	7	8
费用(元)	90.76	104.56	119.96	142.86	101.86

综上,通过对充填材料制备成本、机械运输充填成本、其他维护维修成本及人工费用的整个预算,结合每个配比试验组的经济效益进行计算分析,得出设计试验配比中的试验组 2 充填总成本最低;试验组 7 的充填总成本最高。根据各成本所占比,原料水泥的含量成了影响充填成本的主要因素。

6.4　充填开采地表铁塔的保护效果对比分析

6.4.1　数值模拟模型的建立

大同焦煤矿 4# 煤层是焦煤矿主要可采煤层之一,全区可采,属稳定煤层,顶底板基本上为砂岩或者泥岩,具有较好的稳定性,煤层厚度变化不大,由多个煤分层组成,煤层厚度为 6.45～15.03 m,平均厚度为 9.33 m。依据地质综合柱状图将数值模拟模型中的地层分成 17 层,一直从 5# 煤层底板到地表,采用 FLAC³ᴰ建立立体数值模拟模型,见图 6-5。

图 6-5　数值模拟模型

建立的数值模拟模型长、宽、高分别为 640 m、480 m、364 m,模型的长度方向以工作面走向方向设定、宽度方向以工作面倾向设定、高是从 5# 煤层底板到地表的高度。将数值模拟模型划分为 86 760 个单元,111 860 个节点,依据现实受力情况,模型的初始边界条件设置为四周及底部固定,顶部自由,在开挖前,需要先将模型计算平衡,并把位移清零。焦煤矿数值模拟模型煤岩层物理力学参数,见表 6-8。

表 6-8 大同焦煤矿数值模拟岩层物理力学参数

煤岩岩性	密度 /（kg/m³）	体积模量 /MPa	剪切模量 /MPa	抗拉强度 /MPa	黏聚力 /MPa	内摩擦角 /（°）	厚度/m
表土层	1 970	70	20	0.32	0.05	16.00	19.43
粗砂岩	1 870	1 220	1 058	3.18	9.83	32.30	55.39
中砂岩	2 573	2 580	1 940	5.10	13.58	36.20	50.79
粗砂岩	1 930	1 130	992	3.18	9.83	32.30	33.12
细砂岩	2 568	871	627	12.60	15.65	38.21	57.97
粗砂岩	1 870	1 220	1 058	3.18	9.83	32.30	5.67
泥岩	2 650	1 051	821	4.00	4.89	34.87	8.44
粗砂岩	1 870	1 220	1 058	3.18	9.83	32.30	8.28
泥岩	2 650	1 051	821	4.00	2.80	36.00	25.16
细砂岩	2 660	1 700	1 170	12.6	15.65	38.24	32.07
灰质泥岩	2 320	2 180	570	2.88	4.89	34.87	5.41
粗砂岩	2 700	2 160	1 490	3.18	9.83	32.30	4.78
中砂岩	2 573	2 580	1 940	5.10	13.58	36.20	5.41
4#煤	1 600	250	40	0.30	1.75	28.00	9.33
泥岩	2 650	847	735	4.00	6.38	30.68	30.00
5#煤	1 600	250	40	0.30	1.75	28.00	7.76
石灰岩	2 710	350	530	4.00	0.64	35.00	5.00

6.4.2 数值模拟方案

FLAC³ᴰ数值模拟软件广泛应用于多种工程领域,其主要是可以通过改变参数或边界条件模拟真实工程现场。本节采用数值模拟软件模拟不同充填方式、改变充填体性能充填时的地表沉陷情况,根据模拟结果分析不同充填体性能的充填材料充填后的减沉效果,并对比分析充填后对地表高压供电线路的影响。

在模拟时,分正常开采和充填开采两种情况进行,首先模拟 4#煤层正常开采时的地表移动变形,再模拟全部充填开采时地表移动变形。通过数值模拟结果,分析全部充填开采充填后的减沉效果,结合高压供电线路特点以及电力部门对高压供电铁塔安全运行标准要求,分析充填对高压铁塔的保护效果。

使用控制变量法,特定地分析某一变量对结果的影响。控制开采工作面的进度和开采设计模型不变,根据充填材料的不同物理力学参数,可以得出不同材料性能的充填体充填后的地表减沉效果,进而分析对铁塔起到的保护效果。试验组 2、4、5 和 7 四个试验组充填材料设计方案材料性能表,见表 6-9。

表 6-9　　　　　　　　　　　充填材料设计方案材料性能

模拟方案	采高/m	采深/m	充填体内摩擦角/(°)	充填体弹性模量/MPa	充填体密度/(kg/m³)	泊松比
2	9.3	321.5	22	4 350	1 529.7	0.22
4	9.3	321.5	23	4 730	1 618.8	0.22
5	9.3	321.5	23	6 010	1 666.0	0.19
7	9.3	321.5	23	5 512	1 894.0	0.20

6.4.3　模拟结果及分析

运用 FLAC³ᴰ 数值模拟软件,在供电铁塔基座处设置数个监测点,监测并记录矿井正常生产情况下供电铁塔的沉降量,如图 6-6 所示,其反映出基座处 Z 方向上的位移,位移最大值达到 4 990.5 mm。

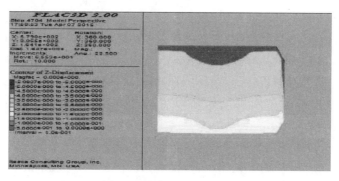

图 6-6　正常开采沉陷情况

图 6-7(a)、(b)、(c)、(d)分别是试验组 2、4、5、7 的模拟结果。根据各试验组的减沉效果对比,可以得到,试验组 2 和试验组 4 能够起到一定的减沉作用,可以达到充填效果,对高压供电铁塔基座处 Z 方向上的位移起到了一定的保护作用。试验组 5 和试验组 7 减沉效果超限,其主要原因是由于试验组 5 和试验组 7 填充物相对强度过大,在 FLAC³ᴰ 模拟的静载作用下会发生鼓出现象。在制定填充方案时,应该充分考虑这四组方案的各自特点,当使用条带式填充时,可以优先考虑试验组 5 和试验组 7。当使用全部充填时,优先使用试验组 2 和试验组 4,以此能够达到经济和防治效果最优的方案。

（a）试验组2配比充填效果图

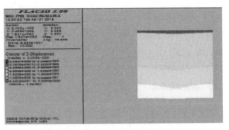

（b）试验组4配比充填效果图

（c）试验组5配比充填效果图

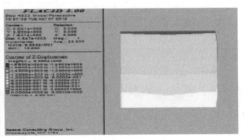

（d）试验组7配比充填效果图

图 6-7　不同试验组配比充填效果图

由供电铁塔下部填充效果下沉位移云图可以得到,试验组 5 的原料配比在充分填充的情况下所起到的防止地表下沉效果最好,供电铁塔下部地表 Z 方向上的位移最小,此处可以将计算所得到的结果代入验证公式进行安全评估。煤矿开采对其上部的高压供电铁塔以及输电线路的破坏主要有以下两种形式[144-145]:

采空区上覆岩层所呈现出来的沉降形式为凹型漏斗状的形态,这种情况下,高压铁塔的运动形态有两种:第一种,供电铁塔位于漏斗边缘,铁塔两侧的下沉量并不均匀,使得铁塔产生倾斜,由于铁塔高度较高,对于基座角度的变化倾斜程度更加敏感。第二种,供电铁塔位于漏斗中心,铁塔开始下沉,造成两个铁塔之间的实际距离增加。这两种破坏形式,不仅对铁塔的安全性造成了威胁,而且高压线路由于铁塔的沉降以及倾斜会造成拉伸或者收缩,严重时甚至会造成线路断裂,造成线路无法正常工作。综上所述,对高压铁塔基座的下沉量以及高压供电铁塔的倾斜度进行安全评估时,所需要考虑的参数主要有三个:供电铁塔基座不均匀下沉量、供电铁塔的倾角以及两个供电铁塔基座之间的距离。这三个指标所允许的变化范围是:倾斜程度不得超过所允许范围的 1‰、两铁塔基座之间的距离的变化不得超过其距离的 0.004 倍以及铁塔下部基座 6m 的范围内部所允许的不均匀沉降不得超过 22 mm。根据数值模拟结果,分别计算 333#、334# 高压输电铁塔未充填、试验组 2、4、5、7 的铁塔基座的不均匀沉降、输电铁塔的倾斜度以及高压输电铁塔基座间距变化的具体数值,对比标准数值对铁塔的安全性进行评估,如表 6-10、表 6-11 所示。

表 6-10　　　　　　　　333# 高压输电铁塔安全性评估

内容	高压输电铁塔倾斜度 /‰	铁塔基座不均匀沉陷 /mm	高压输电铁塔基座 间距变化情况/mm
标准值	≤10	≤22	≤24
未充填	28.44	170.66	1.989
安全性	不安全	不安全	安全
试验组 2	7.9	47.32	0.326
安全性	安全	不安全	安全
试验组 4	6.5	39	0.298
安全性	安全	不安全	安全
试验组 5	2.25	13.5	0.022
安全性	安全	安全	安全
试验组 7	2.98	17.9	0.073
安全性	安全	安全	安全

表 6-11　　　　　　　　334# 高压输电铁塔安全性评估

内容	高压输电铁塔倾斜度 /‰	铁塔基座不均匀沉陷 /mm	高压输电铁塔基座 间距变化情况/mm
标准值	≤10	≤22	≤24
未充填	25.63	153.8	1.23
安全性	不安全	不安全	不安全
试验组 2	7.05	45.3	0.22
安全性	安全	不安全	安全
试验组 4	3.17	38.0	0.173
安全性	安全	不安全	不安全
试验组 5	2.05	12.3	0.002

内容	高压输电铁塔倾斜度/‰	铁塔基座不均匀沉陷/mm	高压输电铁塔基座间距变化情况/mm
安全性	安全	安全	安全
试验组 7	2.7	16.2	0.013
安全性	安全	安全	安全

根据表 6-10 和表 6-11 分别分析判定 333# 和 0334# 铁塔的安全性,充填材料 5 和充填材料 7 基本可以满足保护铁塔的效果,通过充填可以达到使高压输电铁塔安全运行的效果。为了降低充填成本以及受原料来源的限制,在保证铁塔稳定性和煤炭资源采出率的前提下,4# 煤层采用全部充填的开采方式,开采完成后,5# 煤层尝试用条带充填开采的方式。条带充填开采是以条带开采的支护原理为基础,利用充填条带代替煤柱条带支撑顶板,同时,在条带开采的煤层中充填条带采空区,回收留设条带煤柱,达到地表减沉与地下开采高采出率的双重效果。具体措施包括:首先进行 40 m 短壁走向充填体置换煤体的条带开采,待采空区充填且充填体凝固后进行宽 40 m 的短壁工作面二次开采,为了增强充填条带体的承载能力,设计在二次回采的条带煤柱上保留一定宽度不采,留设煤柱宽度为 10 m。

对 5# 煤层采用倾向条带充填开采后,地表移动状态云图如图 6-8 所示,地表下沉移动范围沿走向向两侧进一步扩大,各区域下沉量同步增大,沉降主要分布区域呈椭圆形,中部沉降最大集中区为条形,两端为圆弧状。水平位移分布区为平行于倾向的透镜状对称分布,由采空区走向中部位置向两侧逐渐增大再减小。

由 5# 煤条带充填后数值模拟计算结果得出,333# 高压输电铁塔的倾斜度为 4.76‰,在高压输电铁塔安全性标准倾斜度小于 10‰ 的范围内,铁塔基座不均匀沉降 18.5 mm,在高压输电铁塔基座安全性标准不均匀沉陷小于 22 mm 的范围内,高压输电铁塔基座间距为 0.134 mm,在高压输电铁塔基座安全性标准间距变化小于 24 mm 的范围内。334# 高压输电铁塔的不均匀沉降为 17.3 mm,倾斜度为 4.84‰,基座间距变化 0.206 mm。由以上数值可以看出,首先对 4# 煤层采用全采全充的开采方式,其次对 5# 煤层采用条带充填的开采方式,对地表的 2 个高压输电铁塔的稳定性影响较小,能保证高压输电线路的正常运行。

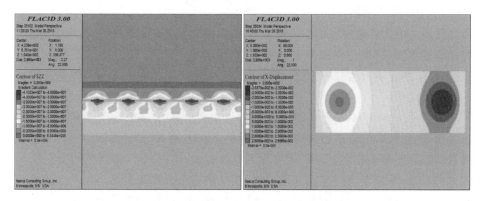

(a) 5#煤条带充填开采后竖向应力云图　　　(b) 5#煤条带充填后水平竖直位移云图

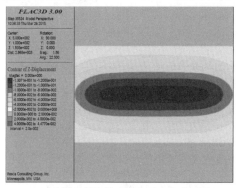

(c) 5#煤条带充填后地表垂直位移云图

图 6-8　5#煤条带充填开采地表移动状态云图

6.5　本章小结

（1）为了有效控制大同焦煤矿采煤活动对地表的高压输电铁塔和输电线路的影响,结合焦煤矿具体的地质条件,提出了大同焦煤矿多煤层开采控制地表沉陷的开采方式,即先用全采全充法开采 4# 煤层,再用条带充填法开采 5# 煤层。在经济成本、获取的难易程度以及对充填材料性能影响的基础上,分析了焦煤矿充填材料的原料组成和原料特点。

（2）为了获得最佳的原料配比,确定三因素三水平的正交试验,采用坍落度对充填料浆的工作性能进行测试,得出试验组 1、3、6、9 的工作性能无法满足充填材料料浆的输送要求。对试验组 2、4、5、7、8 的抗压强度进行测试,3 d 的早期强度均能满足对充填体早期强度要求,在 28 d,试验组 5、7 的抗压强度分别达到

5.637 MPa 和 5.083 MPa。

（3）对充填开采的每个配比试验组的经济效益进行计算分析，得出试验组 2 的充填成本最低，单位体积的充填成本仅为 90.76 元；试验组 7 的充填成本最高，单位体积充填成本达到了 142.86 元。其中原料中水泥的含量是影响充填成本的主要因素。

（4）通过使用 FLAC³ᴰ软件对铁塔的稳定性和安全性进行数值模拟的计算和评估，根据铁塔的安全性规范主要计算铁塔基座的不均匀沉降、输电铁塔的倾斜度以及高压输电铁塔基座间距变化的具体数值，得出对 4#煤层进行全采全充的方式开采，试验组 5 的配比充填材料，在铁塔安全标准范围内，对 5#煤层进行条带充填的方式开采，试验组 5 仍然满足安全性要求，因此推荐的充填材料配比为水∶骨料∶水泥＝28％∶65.4％∶6.5％。

第 7 章　结论与展望

7.1　主要结论

本书采用现场观测、理论计算和数值模拟的方法,针对电塔下多煤层开采沉陷控制的技术难题,结合大同焦煤矿 8503 工作面的实际工程地质条件和工作面上方地表电塔和电线的布置条件,利用开采沉陷理论对地表沉陷参数进行预测,并利用 GPS 对铁塔周边的沉陷数值进行实际的监测,根据高压输电铁塔的结构特征,研究了地下开采对地表铁塔的损伤特征,同时提出了膏体充填开采的方式解决铁塔下多煤层开采的问题,主要研究内容与结论如下:

(1) 利用理论计算和实测分析,对比研究了地表的变形,得到具体参数数值有:

① 利用概率积分法对焦煤矿地表变形进行了预测,得出在 8503 工作面开采后山区地表最大下沉值为 4 900 mm,水平最大位移值为 1 078 mm,地表最大倾斜值为 32.95 mm/m,地表最大曲率变形值为 ±2.08 mm/m,地表最大水平变形值为 ±45.5 mm/m。

② 通过现场实测,得到 $4^{\#}$ 煤层开采在走向观测线上,引起地表最大下沉值为 1 224 mm,最大倾斜值为 16.0 mm/m,最大曲率为 0.29×10^{-3}/m,最大水平移动值为 204 mm,最大水平变形值为 5.05 mm/m;在倾向观测线上,地表最大下沉值为 1 952 mm,最大倾斜值为 16.3 mm/m,最大曲率为 0.55×10^{-3}/m,最大水平移动值为 824 mm,最大水平变形值为 12.71 mm/m。计算得到地表移动角度参数,开采影响边界角:走向 58°,倾斜 63°;移动角:走向 66°,倾斜 71°;充分采动角值:走向 62°,上山 62°,下山 62°;最大下沉角值为 87°。

③ 通过开采引起地表变形移动对高压铁塔的影响分析,高压电线铁塔整体下沉达到了 1 680 mm 以上,最大拉伸变形达到了 40.38 mm/m,最大倾斜为 19.3 mm/m,均已超过了四级破坏程度,因而要注意高压电线铁塔的安全。

(2) 分析了煤层开采的地表下沉、水平移动及倾斜等因素对供电线路的运行影响,分别分析了供电线路与开采方向平行、垂直和相交时,发生倾斜、水平移

动和垂直下沉时,对铁塔安全性造成的影响。取得的主要结论如下:

① 倾斜是第一位的影响因素,水平移动和变形是第二位的因素,而下沉是第三位的影响因素。

② 供电线路与开采方向平行时,线路的安全运行最受影响,其仅发生倾斜时安全的地表(铁塔)倾斜角应为 $1.871°$,拉断的临界倾斜角应为 $3.623°$,杆塔倾斜度分别为 3.3% 和 6.3%,比电力部门规定标准值大 2.3 和 5.3 倍;仅水平移动时,线路运行安全的水平移动应小于 $1\,208$ mm,拉断的水平位移临界值大于 $2\,308$ mm;仅垂直下沉时,安全运行的下沉值小于 $2\,294$ mm;拉断的下沉值为 $33\,645$ mm。

存在综合(水平、垂直)位移时,影响安全运行的条件为:

$$D \leqslant \sqrt{(L + u_x + h\sin\theta_1)^2 + [\Delta h + w_z + h(1 - \cos\theta_1)]^2}$$

线路拉断的条件为:

$$D \leqslant \sqrt{(L + u_x + h\sin\theta_1)^2 + [\Delta h + w_z + h(1 - \cos\theta_1)]^2} - \delta$$

③ 供电线路与工作面开采方向垂直时,仅水平位移和垂直下沉的影响较小,地表倾斜的变化对铁塔的影响,与平行时的临界参数相同。

存在综合(水平、垂直)位移时,影响线路安全运行的条件为:

$$D \leqslant \sqrt{\left[\Delta u_x + h\left(\frac{i_{A1} \cdot u_{x1}}{\sqrt{u_{x1}^2 + u_{y1}^2}} - \frac{i_{B2} \cdot u_{x2}}{\sqrt{u_{x2}^2 + u_{y2}^2}}\right)\right]^2 + }$$
$$\sqrt{\left[L + \Delta u_y + h\left(\frac{-i_{A1} \cdot u_{y1}}{\sqrt{u_{x1}^2 + u_{y1}^2}} - \frac{i_{B2} \cdot u_{y2}}{\sqrt{u_{x2}^2 + u_{y2}^2}}\right)\right]^2 + }$$
$$\sqrt{[\Delta h + \Delta w_z + h(\cos\beta_1 - \cos\beta_2)]^2}$$

线路拉断的条件为:

$$D \leqslant \sqrt{\left[\Delta u_x + h\left(\frac{i_{A1} \cdot u_{x1}}{\sqrt{u_{x1}^2 + u_{y1}^2}} - \frac{i_{B2} \cdot u_{x2}}{\sqrt{u_{x2}^2 + u_{y2}^2}}\right)\right]^2 + }$$
$$\sqrt{\left[L + \Delta u_y + h\left(\frac{-i_{A1} \cdot u_{y1}}{\sqrt{u_{x1}^2 + u_{y1}^2}} - \frac{i_{B2} \cdot u_{y2}}{\sqrt{u_{x2}^2 + u_{y2}^2}}\right)\right]^2 + }$$
$$\sqrt{[\Delta h + \Delta w_z + h(\cos\beta_1 - \cos\beta_2)]^2} - \delta$$

④ 在线路与工作面开采方向斜交时,两铁塔存在高差且为任意不等位移时,其线路拉紧的临界安全条件为:

$$D \leqslant \sqrt{\left[\Delta x + \Delta u_x + h\left(\frac{i_{A1} \cdot u_{x1}}{\sqrt{u_{x1}^2 + u_{y1}^2}} - \frac{i_{B2} \cdot u_{x2}}{\sqrt{u_{x2}^2 + u_{y2}^2}}\right)\right]^2 + }$$
$$\sqrt{\left[\Delta y + \Delta u_y + h\left(\frac{-i_{A1} \cdot u_{y1}}{\sqrt{u_{x1}^2 + u_{y1}^2}} - \frac{i_{B2} \cdot u_{y2}}{\sqrt{u_{x2}^2 + u_{y2}^2}}\right)\right]^2 + }$$

$$\sqrt{[\Delta z + \Delta w_z + h(\cos \beta_1 - \cos \beta_2)]^2}$$

线路拉断的临界条件为：

$$D + \delta \leqslant \sqrt{[\Delta x + \Delta u_x + h(\frac{i_{A1} \cdot u_{x1}}{\sqrt{u_{x1}^2 + u_{y1}^2}} - \frac{i_{B2} \cdot u_{x2}}{\sqrt{u_{x2}^2 + u_{y2}^2}})]^2 +}$$

$$\sqrt{[\Delta y + \Delta u_y + h(\frac{-i_{A1} \cdot u_{y1}}{\sqrt{u_{x1}^2 + u_{y1}^2}} - \frac{i_{B2} \cdot u_{y2}}{\sqrt{u_{x2}^2 + u_{y2}^2}})]^2 +}$$

$$\sqrt{[\Delta z + \Delta w_z + h(\cos \beta_1 - \cos \beta_2)]^2}$$

⑤ 开采地表沉陷与供电线路安全运行及布置匹配的内在关系为：线路与工作面开采方向平行时，地表沉陷对线路的安全运行影响较大；线路与工作面开采方向正交时，地表沉陷对线路的安全运行影响较小，易于维持正常的运行状态；地表倾斜比水平和垂直位移对线路的安全运行影响大，水平位移比垂直下沉的影响大；存在地面高差时，低塔的移动变形要比高塔影响大；地表沉陷时，存在高差的供电线路要比等高线路的安全运行影响程度高。

⑥ 按照目前的工作面布置及线路匹配关系，4[#]和 5[#]煤采用综放开采可保证地面供电线路的安全运行状态。

（3）利用数值模拟软件，研究了焦煤矿多煤层开采地表移动规律及关键技术参数，并依据模拟结果分析了不同组合开采方案对地面高压供电铁塔稳定-线路安全运行的影响，分别用电力部门标准和本书的预测评判标准进行了比较研究，得出了各煤层间的合理组合开采优化方案。得到的主要结论有：

① 建立 3 种多煤层开采方案，即 4[#]煤层综放、5[#]煤层综放、8[#]煤层倾斜条带开采、9[#]煤层倾斜条带开采；4[#]煤层综放全充、5[#]煤层、8[#]煤层、9[#]煤层条带开采；4[#]煤层综放全充、5[#]煤层、8[#]煤层、9[#]煤层条带充填开采。

② 对于开采方案一，4 层煤层全部开采后，地表移动的模拟结果为：最大下沉量为 10 790 mm，最大倾斜为 59.26 mm/m，最大水平位移为 2 075 mm，水平变形为 22.87 mm/m；对于开采方案二，采完 4 层煤后，地表移动的模拟结果为：最大下沉量为 372 mm，最大倾斜为 1.83 mm/m，最大水平位移为 77 mm，水平变形为 0.89 mm/m；对于开采方案三，4[#]、5[#]、8[#]、9[#]煤层开采结束后，地表移动的模拟结果为：最大下沉量为 294 mm，最大倾斜为 1.67 mm/m，最大水平位移为 62 mm，水平变形为 0.92 mm/m。

③ 采用组合开采方案一条件下，按照当前焦煤矿工作面与地表线路及铁塔的实际匹配关系，用电力部门的规定判断，4[#]煤综放开采是安全的，5[#]煤层综放开采不能保障线路的安全运行；用本书的地表移动与线路拉紧的数学模型判断，4[#]、5[#]煤综放开采和下面 8[#]、9[#]煤采用条带开采，均能确保高压输电铁塔与线

路的安全运行;采用组合开采方案二时,分别用电力部门的标准和本书的标准判断,焦煤矿4层煤全开采完,均可确保高压输电铁塔与线路的安全运行;采用组合开采方案三时,也可确保高压输电铁塔与线路的安全运行。

(4) 对保护高压供电线路的开采布局优化进行了系统的研究,根据焦煤矿地表333#和334#两个高压铁塔的位置,和通过高压线路与大巷、工作面的井上下位置对照关系,确定高压线路与大巷平行、垂直、斜交这三种情况。得出以下结论:

① 通过数值模拟比较三种方案,高压线路斜穿过工作面的方案对高压铁塔的影响比另两种方案大得多;工作面平行于高压线路的布置,随着间距(20 m,30 m,35 m,40 m)不断增大,高压供电铁塔基础的下沉值和水平移动值变化较小;工作面垂直于高压线路布置时,铁塔基础的下沉值和水平移动值均小于其他方案。

② 通过对比分析停采线距大巷不同距离(30 m,40 m,50 m),高压铁塔基础最大下沉值、最大不均匀下沉值和水平移动值的变化,得出停采线距离工作面50 m布置在大巷位置的高压铁塔受到的影响比煤柱中心线上的铁塔的小,但根据两相邻高压铁塔的档距,另一个高压铁塔位于下一个工作面,还会受到二次采动影响。高压铁塔处在两个工作面煤柱中心线对应的三条大巷中间大巷上方,留50 m停采线煤柱对高压供电铁塔的保护效果最好。

③ 通过对三种开采布局方案高压供电铁塔安全性分析,三种开采布局方案的铁塔基础的移动变形值均不能满足高压输电线路规程规定的要求,工作面垂直于高压线路布置,高压供电铁塔位于与工作面中心线相对应三条大巷中间大巷的上方,停采线距大巷50 m时,铁塔基础最大不均匀下沉值为89.3 mm、最大倾斜值为14.88 mm/m、根开偏差为7.1 mm,高压铁塔基础的移动变形值最小,对高压供电铁塔的保护效果最好。

④ 根据5#煤层地质条件,结合采盘区布置原则,将焦煤矿5#煤层首采工作面布置在井田西部区域,将高压线路(铁塔)布置在大巷煤柱内。在工作面开采至对高压铁塔有影响时,采用增设拉线、保持连续匀速开采等方法,对高压铁塔进行保护,使供电线路处在安全运行范围内。

(5) 为了有效控制大同焦煤矿采煤活动对地表的高压输电铁塔和输电线路的影响,结合焦煤矿具体的地质条件,提出了大同焦煤矿多煤层开采控制地表沉陷的开采方式,即先用全采全充法开采4#煤层,再用条带充填法开采5#煤层。通过试验和数值模拟,并结合经济成本的方法,确定最佳的材料配比。结果表明:

① 在经济成本、获取的难易程度以及对充填材料性能影响的基础上,分析

了焦煤矿充填材料的原料组成和原料特点。为了获得最佳的原料配比,确定三因素三水平的正交试验,采用坍落度对充填料浆的工作性能进行测试,得出试验组 1、3、6、9 的工作性能无法满足充填材料料浆的输送要求。对试验组 2、4、5、7、8 的抗压强度进行测试,3 d 的早期强度均能满足对充填体早期强度要求,在 28 d,试验组 5、7 的抗压强度分别达到 5.637 MPa 和 5.083 MPa。

② 对充填开采的每个配比试验组的经济效益进行计算分析,得出试验组 2 的充填成本最低,单位体积的充填成本为 90.76 元;试验组 7 的充填成本最高,单位体积充填成本达到了 142.86 元。其中原料水泥的含量是影响充填成本的主要因素。

③ 通过使用 FLAC³ᴰ 软件对铁塔的稳定性和安全性进行数值模拟的计算和评估,根据铁塔的安全性规范主要计算铁塔基座的不均匀沉降、输电铁塔的倾斜度以及铁塔基座间距变化的具体数值,得出对 4$^\#$ 煤层进行全采全充的方式开采,对 5$^\#$ 煤层进行条带充填的方式开采,试验组 5 满足安全性要求,因此推荐的充填材料配比为水：骨料：水泥＝28％：65.4％：6.5％。

7.2　研究展望

基于本书的研究取得了一些创新性的成果,但仍有一些问题需要继续研究,主要表现在:

(1) 本书研究属于高压供电线路铁塔刚性条件下得到的结论,其给定的安全运行条件相比可变性钢架铁塔会更加偏于安全。由于高压供电铁塔所在的是一个三维空间结构,在采动影响下高压供电线路铁塔的更细致分析中,可考虑铁塔本身的角钢变形、横担变形等。

(2) 在开采过程中地表的位移是动态变化的,今后应通过地表移动实测或者数值模拟方法给出不同开采时空时地表线路铁塔位置的位移数值,依据本书所建立的山区地表空间坐标系下影响高压供电线路安全运行的判断准则数学表达式,科学准确地进行高压供电线路铁塔安全运行与稳定的动态实时评价。

参 考 文 献

[1] 徐永圻.煤矿开采学[M].徐州:中国矿业大学出版社,2015.

[2] 郭增长,柴华彬.煤矿开采沉陷学[M].北京:煤炭工业出版社,2013.

[3] 何国清,杨伦,凌赓娣,等.矿山开采沉陷学[M].徐州:中国矿业大学出版社,1991.

[4] 杨逾,杨伦,冯国才,等.与地面环境协调的采煤方法研究[J].中国矿业,2006,15(2):47-50.

[5] 常杰.三下采煤技术的探讨与研究[J].山西煤炭,2011,31(10):51-53.

[6] 徐乃忠,孟庆坤.地表沉陷控制新途径[J].煤矿开采,2004,9(1):10-11.

[7] 陈建稳,袁广林,刘涛,等.数值模型对输电铁塔内力和变形的影响分析[J].山东科技大学学报(自然科学版),2009,28(1):40-45.

[8] 郭文兵,郑彬.高压线铁塔下放顶煤开采及其安全性研究[J].采矿与安全工程学报,2011,28(2):267-272.

[9] 袁广林,张云飞,陈建稳,等.塌陷区输电铁塔的可靠性评估[J].电网技术,2010,34(1):214-218.

[10] 张联军,王宇伟.高压输电铁塔下采煤技术研究[J].河北煤炭,2002(4):12-13.

[11] 文运平,郭文兵,郑彬.高压输电铁塔下采煤的安全性分析[J].煤矿开采,2010,15(4):35-37.

[12] 查剑锋,郭广礼,狄丽娟,等.高压输电线路下采煤防护措施探讨[J].矿山压力与顶板管理,2005,22(1):112-114.

[13] 徐建国.南屯矿区高压输电线路压煤开采技术研究[J].煤矿现代化,2009(2):84-85.

[14] 郑志刚.厚表土层高压输电线路下采煤技术研究[J].矿山测量,2009(1):5-6.

[15] 刘宝琛,颜荣贵.开采引起的矿山岩体移动的基本规律[J].煤炭学报,1981,6(1):39-55.

[16] 胡青峰,崔希民,李春意,等.基于Broyden算法的概率积分法预计参数求

取方法研究[J].湖南科技大学学报(自然科学版),2009,24(1):5-8.

[17] 崔希民,陈至达.非线性几何场论在开采沉陷预测中的应用[J].岩土力学,1997,18(4):24-29.

[18] 康建荣,王金庄,温泽民.任意形多工作面多线段开采沉陷预计系统(MSPS)[J].矿山测量,2000(1):24-27.

[19] 郭文兵,杨治国,詹鸣."三软"煤层开采沉陷规律及其应用[M].北京:科学出版社,2013.

[20] BIENIAWSKI Z T. Improved design of room-and-pillar coal mines for US conditions[C]//Proc. of Int. Conf. on Mining Eng. New York:SME-AIME,1982.

[21] PREUSSE A,HERZOG C. Prognosis and control of mining reduced surface subsidence and ground movement[C]//The German Hardcoal Sector,Case Studies,19th Conference. [S. l. :s. n.],2006.

[22] ALBERMANI F,KITIPORNCHAI S,CHAN R W K. Failure analysis of transmission towers [J]. Engineering Failure Analysis, 2009, 16 (6): 1922-1928.

[23] KNIGHT G M S,SANTHAKUMAR A R. Joint effects on behavior of transmission towers[J]. Journal of Structural Engineering,1993,119(3): 698-712.

[24] ASCE. Design of Latticed Steel Transmission Structures[M]. Reston: American Society of Civil Engineers,2015.

[25] WILSON A H,ASHWIN D P. Research into the determination of pillar size[J]. The Mining Engineer,1972,131(6):409-417.

[26] ANDERSON N L,MARTINEZ A,HOPKINS J F,et al. Salt dissolution and surface subsidence in central Kansas:a seismic investigation of the anthropogenic and natural origin models[J]. Geophysics, 1998, 63 (2): 366-378.

[27] LOUI J P. Estimation of non-effective width for different panel shapes in room and pillar extraction[J]. International Journal of Rock Mechanics and Mining Sciences,2002,39(1):95-99.

[28] DONALD E S. Grouting to control coal mine subsidence[M]//Geotechnical Special Publication,Groutsand Grouting. [S. l. :s. n.],1998.

[29] KRATZSCH H. Mining Subsidence Engineering[M]. Berlin,Heidelberg: Springer,1983.

[30] CAN E, KUSCU S, KARTAL M E. Effects of mining subsidence on masonry buildings in Zonguldak hard coal region in Turkey[J]. Environmental Earth Sciences, 2012, 66(8): 2503-2518.

[31] YOU L, PENG S S. Some mitigative measures for protection of surfaces structures affected by ground subsidence[R]. [S. l. : s. n.], 1992.

[32] MOHAMMAD N, LLOYD P W. Longwall surface subsidence prediction through numerical modelling[C]//16th Conference on Ground Control in Mining. [S. l. : s. n.], 1997.

[33] MA C, KANG J R, HE W L. Present situation of land destraction by coal mining at mountainous district[C]//Mine Land Reclamation and Ecological Restoration for the 21 Century-Beijing International Symposium on Land Reclamation. [S. l. : s. n.], 2000.

[34] NIEMEZYK O. Bergsehadenkunde[M]. [S. l. : s. n.], 1949.

[35] KRATZSCH H. Mining Subsidence Engineering[M]. Berlin, Heidelberg: Springer, 1983.

[36] BRAUNER. Subsidence due to underground mining[M]. U. S: Bureau of Mines, 1973.

[37] 何万龙. 山区地表移动规律及变形预计[J]. 山西矿业学院学报, 1985, 3 (2): 1-22.

[38] 何万龙, 孔照璧. 山区地表移动及变形预计[J]. 矿山测量, 1986(2): 24-30.

[39] 何万龙. 开采影响下的山区地表移动[J]. 煤炭科学技术, 1981, 9(7): 23-29.

[40] 颜荣贵, 李文秀. 开采影响下山区地表移动的规律[J]. 地下工程, 1984(3): 22-28.

[41] 武俊鸣, 田家琦. 山区地表移动观测站成果分析中提出的新课题[C]//第一届矿山测量学术会议论文集. 泰安: [出版者不详], 1981.

[42] 康建荣. 山区采动裂缝对地表移动变形的影响分析[J]. 岩石力学与工程学报, 2008, 27(1): 59-64.

[43] 韩奎峰, 康建荣, 王正帅, 等. 山区采动地表裂缝预测方法研究[J]. 采矿与安全工程学报, 2014, 31(6): 896-900.

[44] 夏筱红, 隋旺华, 杨伟峰. 多煤层开采覆岩破断过程的模型试验与数值模拟[J]. 工程地质学报, 2008, 16(4): 528-532.

[45] 杨伟峰, 夏筱红, 刘汪威, 等. 条带开采煤柱留设对地表建筑物的影响分析[J]. 矿业安全与环保, 2005, 32(6): 33-35.

[46] 杨伟峰,隋旺华.薄基岩条带开采覆岩与地表移动数值模拟研究[J].煤田地质与勘探,2004,32(3):18-21.

[47] 张志祥,张永波,赵志怀,等.多煤层开采覆岩移动及地表变形规律的相似模拟实验研究[J].水文地质工程地质,2011,38(4):130-134.

[48] 张志祥,张永波,赵雪花,等.双煤层采动岩体裂隙分形特征实验研究[J].太原理工大学学报,2014,45(3):403-407.

[49] 李全生,张忠温,南培珠.多煤层开采相互采动的影响规律[J].煤炭学报,2006,31(4):425-428.

[50] 于斌.多煤层上覆破断顶板群结构演化及其对下煤层开采的影响[J].煤炭学报,2015,40(2):261-266.

[51] 刘红元,唐春安,芮勇勤.多煤层开采时岩层垮落过程的数值模拟[J].岩石力学与工程学报,2001,20(2):190-196.

[52] 刘红元,刘建新,唐春安.采动影响下覆岩垮落过程的数值模拟[J].岩土工程学报,2001,23(2):201-204.

[53] 刘红元,唐春安.分步开挖对采场顶板破坏机理和形态影响的数值模拟[J].东北煤炭技术,2000(2):7-11.

[54] 黄庆享,李亮.充填材料及其强度研究[J].煤矿开采,2011,16(3):38-42.

[55] 严孝文,陈冉丽,郝刚.协调开采在建筑物下采煤中应用的实例[J].煤炭科技,2010(2):26-28.

[56] 郝刚,吴侃,郑汝育.地面荷载作用下老采空区上方覆岩的移动规律[C]//全国"三下"采煤与土地复垦学术会议论文集.张家界:[出版者不详],2010.

[57] 吴侃,李亮,敖建锋,等.开采沉陷引起地表土体裂缝极限深度探讨[J].煤炭科学技术,2010,38(6):108-111.

[58] 吴侃,周鸣,胡振琪.开采引起的地表裂缝深度和宽度预计[J].阜新矿业学院学报(自然科学版),1997,16(6):649-652.

[59] 吴侃,胡振琪,常江,等.开采引起的地表裂缝分布规律[J].中国矿业大学学报,1997,26(2):56-59.

[60] 刘书贤,魏晓刚,张弛,等.煤矿多煤层重复采动所致地表移动与建筑损坏分析[J].中国安全科学学报,2014,24(3):59-65.

[61] 刘书贤,魏晓刚,张弛,等.煤矿采动与地震耦合作用下建筑物灾变分析[J].中国矿业大学学报,2013,42(4):526-534.

[62] 魏晓刚.考虑土-结构相互作用的采动区建筑物抗震抗变形双重保护装置减震分析[D].阜新:辽宁工程技术大学,2012.

[63] 刘书贤,魏晓刚,王伟,等.深部采动覆岩破断的力学模型及沉陷致灾分析[J].中国安全科学学报,2013,23(12):71-77.

[64] 刘书贤,魏晓刚,张弛,等.煤矿采动损害影响下输电塔-线耦合体系风致振动灾变分析[J].中国安全科学学报,2014,24(2):65-70.

[65] 林舸,赵重斌,张晏华,等.地质构造变形数值模拟研究的原理、方法及相关进展[J].地球科学进展,2005,20(5):549-555.

[66] 华乐,赵涛,武振,等.急倾斜多煤层开采地表沉陷数值模拟[J].中州煤炭,2014(1):1-3.

[67] 张俊英.多煤层条带开采的数值模拟研究[J].矿业研究与开发,1999,19(5):4-7.

[68] 沈永炬,黄远.不同间距多煤层开采覆岩破坏特征的数值模拟[J].中国矿业,2012,21(7):73-75.

[69] 李勤.西马矿1327工作面矸石充填开采可行性研究[D].阜新:辽宁工程技术大学,2012.

[70] 丁德强.矿山地下采空区膏体充填理论与技术研究[D].长沙:中南大学,2007.

[71] 李叔磊.周源山煤矿膏体充填开采地表沉陷研究[D].湘潭:湖南科技大学,2013.

[72] 杨胜利,白亚光,李佳.煤矿充填开采的现状综合分析与展望[J].煤炭工程,2013,45(10):4-6.

[73] REN Y F,FENG G R,GUO Y X,et al. The research status and trend for cementitious filling material of coal mine [C]//2010 International Conference on Future Industrial Engineering and Application. Shenzhen: [s. n.],2010.

[74] HASSETT K E,EYLANDS D F,PFLUGHOEFT H. Fundarmental behavior of fly ash: heat of hydration[C]//Proceedings:12th International Symposium on Coal Combustion by-Product Management and Use. Orlando:American Coal Ash Association,1992.

[75] JAWED S J. Hydration of tricalcium silicate in the presence of fly ash [C]//Effects of Fly ash Incorporation in Cement and Concrete, Proceedings,Symposium NAnnual Meetings. [S. l. ;s. n.],1981.

[76] YU T R,COUNLER D B. Use of fly ash in backfill at Kidd Creek Mines [J]. CIM Bulletin,1988(81):44-50.

[77] Brackebusch F W. Basics of paste backfill systems[J]. Mining Engineer-

ing,1994(10):1175-1178.

[78] Perry R J,Churcher D. L. Application of high density paste at Dome Mine [J]. CIM Bulletin,1990(5):53-58.

[79] 韩斌,吴爱祥,邓建,等.基于可靠度理论的下向进路胶结充填技术分析 [J].中南大学学报(自然科学版),2006,37(3):583-587.

[80] 吴爱祥,韩斌,刘同有,等. 基于可靠度理论的下向进路胶结充填技术经济 分析[C]//中国有色金属学会.第八届国际充填采矿会议论文集.北京:[出 版者不详],2004.

[81] 曹辉,张佳琳.煤矿采空区充填工艺及进展[J].中国煤炭,2009,35(3): 57-60.

[82] 魏威.永平铜矿厚大矿体采矿方案优选及采场充填工艺研究[D].长沙:中 南大学,2014.

[83] 许家林,轩大洋,朱卫兵.充填采煤技术现状与展望[J].采矿技术,2011,11 (3):24-30.

[84] 许家林,钱鸣高,朱卫兵.覆岩主关键层对地表下沉动态的影响研究[J].岩 石力学与工程学报,2005,24(5):787-791.

[85] 于保华,朱卫兵,许家林.深部开采地表沉陷特征的数值模拟[J].采矿与安 全工程学报,2007,24(4):422-426.

[86] 许家林,尤琪,朱卫兵,等.条带充填控制开采沉陷的理论研究[J].煤炭学 报,2007,32(2):119-122.

[87] 许家林,朱卫兵,李兴尚,等.控制煤矿开采沉陷的部分充填开采技术研究 [J].采矿与安全工程学报,2006,23(1):6-11.

[88] 李兴尚,许家林,朱卫兵,等.从采充均衡论煤矿部分充填开采模式的选择 [J].辽宁工程技术大学学报(自然科学版),2008,27(2):168-171.

[89] 朱卫兵,许家林,赖文奇,等.覆岩离层分区隔离注浆充填减沉技术的理论 研究[J].煤炭学报,2007,32(5):458-462.

[90] 高延法,牛学良,廖俊展.矿山覆岩离层注浆时的注浆压力分析[J].岩石力 学与工程学报,2004,23(S2):5244-5247.

[91] 高延法,邓智毅,杨忠东,等.覆岩离层带注浆减沉的理论探讨[J].矿山压 力与顶板管理,2001,18(4):65-67.

[92] 钱鸣高,缪协兴,许家林.资源与环境协调(绿色)开采[J].煤炭学报,2007, 32(1):1-7.

[93] 许家林,钱鸣高.关键层运动对覆岩及地表移动影响的研究[J].煤炭学报, 2000,25(2):122-126.

[94] 王忠昶,张文泉,赵德深.离层注浆条件下覆岩变形破坏特征的连续探测[J].岩土工程学报,2008,30(7):1094-1098.

[95] 张文泉,卢玉华,宫红月,等.老空区上方地面沉降与建筑物稳定性分析评价[J].山东矿业学院学报(自然科学版),1999,18(3):13-15.

[96] 张红日,张文泉,王忠昶,等.软岩矿区建筑物下特殊开采数值模拟分析[J].矿山测量,2005(4):60-62.

[97] 赵德深,王忠昶,张文泉.覆岩离层注浆充填效果的综合评价[J].辽宁工程技术大学学报(自然科学版),2009,28(5):766-769.

[98] 王成真,冯光明.超高水材料覆岩离层及冒落裂隙带注浆充填技术[J].煤炭科学技术,2011,39(3):32-35.

[99] 冯光明.超高水充填材料及其充填开采技术研究与应用[D].徐州:中国矿业大学,2009.

[100] 冯光明,丁玉,朱红菊,等.矿用超高水充填材料及其结构的实验研究[J].中国矿业大学学报,2010,39(6):813-819.

[101] 冯光明,孙春东,王成真,等.超高水材料采空区充填方法研究[J].煤炭学报,2010,35(12):1963-1968.

[102] 冯光明,王成真,李凤凯,等.超高水材料开放式充填开采研究[J].采矿与安全工程学报,2010,27(4):453-457.

[103] 魏好,邓喀中.受断层影响多煤层条带开采地表移动规律研究[J].煤矿安全,2010,41(1):8-12.

[104] 张立亚,邓喀中.多煤层条带开采地表移动规律[J].煤炭学报,2008,33(1):28-32.

[105] 陈绍杰,范洪冬,谭志祥,等.多煤层条带开采地表移动预测参数分析[J].煤炭工程,2010,42(12):64-67.

[106] 问荣峰.建筑物下压煤条带开采技术研究[D].北京:中国矿业大学(北京),2008.

[107] 郭文兵.深部大采宽条带开采地表移动的预计[J].煤炭学报,2008,33(4):368-372.

[108] 胡炳南.条带开采煤柱稳定性分析[J].煤炭学报,1995,20(2):205-210.

[109] 邹友峰.条带开采地表沉陷控制及其优化设计方法[C]//资源环境科学与可持续发展技术:中国科学第三届青年学术年会论文集.北京:中国科学技术出版社,1998.

[110] 康怀宇,刘文生,苏仲杰.条带法开采控制地表沉陷采留合理宽度的探讨[J].煤炭科学技术,1995,23(7):48-50.

[111] 郭广礼,何国清,崔曙光.部分开采老采空区覆岩稳定性分析[J].矿山压力与顶板管理,2003,20(3):70-73.

[112] 张豪杰.部分开采区域稳定性评价方法研究[C]//第十三届全国数学地质与地学信息学术研讨会论文集.徐州:[出版者不详],2014.

[113] 谢文兵,史振凡,陈晓祥,等.部分充填开采围岩活动规律分析[J].中国矿业大学学报,2004,33(2):162-165.

[114] 李兴尚,许家林,朱卫兵,等.从采充均衡论煤矿部分充填开采模式的选择[J].辽宁工程技术大学学报(自然科学版),2008,27(2):168-171.

[115] 李元辉,解世俊.阶段充填采矿方法[J].金属矿山,2006(6):13-15.

[116] 周爱民,古德生.基于工业生态学的矿山充填模式[J].中南大学学报(自然科学版),2004,35(3):468-472.

[117] 余学义,陈辉,赵兵朝,等.基于协调开采原理的裂隙带发育高度模拟[J].煤矿安全,2014,45(9):190-192.

[118] 杨立国,么大刚.建筑物下条带二次协调开采技术[J].煤炭科学技术,2006,34(8):84-85.

[119] 戴华阳,郭俊廷,阎跃观,等."采-充-留"协调开采技术原理与应用[J].煤炭学报,2014,39(8):1602-1610.

[120] 严孝文,陈冉丽,郝刚.协调开采在建筑物下采煤中应用的实例[J].煤炭科技,2010(2):26-28.

[121] 赵兵朝,余学义,尹士献.建筑群下覆岩加固协调开采减损方法[J].西安科技学院学报,2004,24(1):5-8.

[122] 柴华彬,邹友峰,郭文兵.某矿村庄下煤柱开采方案研究[J].中国安全科学学报,2006,16(3):102-106.

[123] 尹士献,余学义,康录安,安仁旺,石玉东.西固村镇下变条带协调开采[J].煤炭工程,2003,35(10):4-8.

[124] 郭仓,谭志祥,邓喀中,等.深部宽条带协调开采技术及工程应用[J].煤矿安全,2013,44(1):80-82.

[125] 郭文兵,邓喀中.高压输电线铁塔采动损害与保护技术现状及展望[J].煤炭科学技术,2011,39(1):97-101.

[126] 郭文兵,雍强.采动影响下高压线塔与地基、基础协同作用模型研究[J].煤炭学报,2011,36(7):1075-1080.

[127] 郑彬,郭文兵,柴华彬.高压输电线路铁塔下采煤技术的研究[J].现代矿业,2009,25(1):86-89.

[128] 郭文兵,郑彬.地表水平变形对高压线铁塔的影响研究[J].河南理工大学

学报(自然科学版),2010,29(6):725-730.

[129] QI T Y,FENG G R,ZHANG Y J,et al. Effects of fly ash content on properties of cement paste backfilling[J]. Journal of Residuals Science & Technology,2015,12(3):133-141.

[130] WU D,CAI S J. Coupled effect of cement hydration and temperature on hydraulic behavior of cemented tailings backfill[J]. Journal of Central South University,2015,22(5):1956-1964.

[131] OUELLET S,BUSSIÈRE B,AUBERTIN M,et al. Characterization of cemented paste backfill pore structure using SEM and IA analysis[J]. Bulletin of Engineering Geology and the Environment,2008,67(2): 139-152.

[132] OUELLET S. Microstructural evolution of cemented paste backfill:mercury intrusion porosimetry test results[J]. Cement and Concrete Research,2007,37(12):1654-1665.

[133] YILMAZ E, BELEM T,BUSSIERE B. Curing time effect on consolidation behaviour of cemented paste backfill containing different cement types and contents[J]. Construction and Building Materials,2015,75:99-111.

[134] YILMAZ E,BELEM T,BENZAAZOU M. Effects of curing and stress conditions on hydromechanical,geotechnical and geochemical properties of cemented paste backfill[J]. Engineering Geology,2014,168:23-37.

[135] WU A X,WANG Y,WANG H J. Estimation model for yield stress of fresh uncemented thickened tailings:coupled effects of true solid density,bulk density, and solid concentration[J]. International Journal of Mineral Processing,2015,143:117-124.

[136] CUI L,FALL M. A coupled thermo-hydro-mechanical-chemical model for underground cemented tailings backfill[J]. Tunnelling and Underground Space Technology,2015,50:396-414.

[137] ERCIKDI B,CIHANGIR F,KESIMAL A,et al. Effect of natural pozzolans as mineral admixture on the performance of cemented-paste backfill of sulphide-rich tailings[J]. Waste Management & Research:the Journal of the International Solid Wastes and Public Cleansing Association, ISWA,2010,28(5):430-435.

[138] CIHANGIR F, ERCIKDI B, KESIMAL A. Paste backfill of high-sul-

phide mill tailings using alkali-activated blast furnace slag:effect of acti-vator nature,concentration and slag properties[J]. Minerals Engineer-ing,2015,83:117-127.

[139] PENG K,YANG, H M,JING O Y. Tungsten tailing powders activated for use as cementitious material[J]. Powder Technology, 2015, 286:678-683.

[140] KE X,HOU H B,ZHOU M. Effect of particle gradation on properties of fresh and hardened cemented paste backfill[J]. Construction and Build-ing Materials,2015,96:378-382.

[141] WU A X,WANG Y,WANG H J. Coupled effects of cement type and water quality on the properties of cemented paste backfill[J]. Interna-tional Journal of Mineral Processing,2015,143:65-71.

[142] FALL M,BENZAAZOUA M,SAA E G. Mix proportioning of under-ground cemented tailings backfill [J]. Tunnelling and Underground Space Technology,2008,23(1):80-90.

[143] 赵方冉.土木工程材料[M].上海:同济大学出版社,2004.

[144] 史振华.采空区输电线路直线自立塔基础沉降及处理方案[J].山西电力技术,1997(3):18-20.

[145] 郭文兵,袁凌辉,郑彬.地表倾斜变形对高压线铁塔的影响研究[J].河南理工大学学报(自然科学版),2012,31(3):285-290.